计算机基础与实训教材系列

中文版
Illustrator CC平面设计
实用教程

刘阳 崔洪斌 编著

U0321287

清华大学出版社

北 京

内 容 简 介

本书由浅入深、循序渐进地介绍了 Adobe 公司经典图形绘制软件——中文版 Illustrator CC 的操作方法和使用技巧。全书共分 8 章，分别介绍了 Illustrator CC 基础知识、图形的创建、图形对象的组织管理、图形的编辑操作、对象基本外观的编辑、艺术外观效果的应用、文字的创建和编辑、图表的创建和编辑等内容。

本书内容丰富，结构清晰，语言简练，图文并茂，具有很强的实用性和可操作性，是一本适合于高等院校、职业学校及各类社会培训学校的优秀教材，也是广大初、中级电脑用户的自学参考书。

本书对应的电子教案、实例源文件和习题答案可以到 http://www.tupwk.com.cn/edu 网站下载。

图书在版编目(CIP)数据

中文版 Illustrator CC 平面设计实用教程 / 刘阳，崔洪斌　编著. —北京：清华大学出版社，2015

(计算机基础与实训教材系列)

ISBN 978-7-302-40559-7

Ⅰ. ①中… Ⅱ. ①刘… ②崔… Ⅲ. ①平面设计—图形软件—教材 Ⅳ. ①TP391.41

中国版本图书馆 CIP 数据核字(2015)第 137397 号

责任编辑：胡辰浩　马玉萍
装帧设计：牛艳敏
责任校对：成凤进
责任印制：沈　露

出版发行：清华大学出版社
　　　　网　　　址：http://www.tup.com.cn，http://www.wqbook.com
　　　　地　　　址：北京清华大学学研大厦 A 座　　　邮　　编：100084
　　　　社 总 机：010-62770175　　　邮　　购：010-62786544
　　　　投稿与读者服务：010-62776969，c-service@tup.tsinghua.edu.cn
　　　　质 量 反 馈：010-62772015，zhiliang@tup.tsinghua.edu.cn
　　　　课 件 下 载：http://www.tup.com.cn，010-62794504
印 装 者：三河市少明印务有限公司
经　　销：全国新华书店
开　　本：190mm×260mm　　　印　张：19.25　　　字　数：505 千字
版　　次：2015 年 7 月第 1 版　　　印　次：2015 年 7 月第 1 次印刷
印　　数：1～3500
定　　价：38.00 元

产品编号：056477-01

编审委员会

丛书序

计算机已经广泛应用于现代社会的各个领域，熟练使用计算机已经成为人们必备的技能之一。因此，如何快速地掌握计算机知识和使用技术，并应用于现实生活和实际工作中，已成为新世纪人才迫切需要解决的问题。

为适应这种需求，各类高等院校、高职高专、中职中专、培训学校都开设了计算机专业的课程，同时也将非计算机专业学生的计算机知识和技能教育纳入教学计划，并陆续出台了相应的教学大纲。基于以上因素，清华大学出版社组织一线教学精英编写了这套"计算机基础与实训教材系列"丛书，以满足大中专院校、职业院校及各类社会培训学校的教学需要。

一、丛书书目

本套教材涵盖了计算机各个应用领域，包括计算机硬件知识、操作系统、数据库、编程语言、文字录入和排版、办公软件、计算机网络、图形图像、三维动画、网页制作以及多媒体制作等。众多的图书品种可以满足各类院校相关课程设置的需要。

◉ 已出版的图书书目

《计算机基础实用教程（第二版）》	《中文版 Office 2007 实用教程》
《计算机基础实用教程（Windows 7+Office 2010 版）》	《中文版 Word 2007 文档处理实用教程》
《电脑入门实用教程（第二版）》	《中文版 Excel 2007 电子表格实用教程》
《电脑入门实用教程（Windows 7+Office 2010）》	《Excel 财务会计实战应用（第二版）》
《电脑办公自动化实用教程（第二版）》	《中文版 PowerPoint 2007 幻灯片制作实用教程》
《计算机组装与维护实用教程（第二版）》	《中文版 Access 2007 数据库应用实例教程》
《中文版 Word 2003 文档处理实用教程》	《中文版 Project 2007 实用教程》
《中文版 PowerPoint 2003 幻灯片制作实用教程》	《中文版 Office 2010 实用教程》
《中文版 Excel 2003 电子表格实用教程》	《中文版 Word 2010 文档处理实用教程》
《中文版 Access 2003 数据库应用实用教程》	《中文版 Excel 2010 电子表格实用教程》
《中文版 Project 2003 实用教程》	《中文版 PowerPoint 2010 幻灯片制作实用教程》
《中文版 Office 2003 实用教程》	《Access 2010 数据库应用基础教程》
《中文版 Word 2010 文档处理实用教程》	《中文版 Access 2010 数据库应用实例教程》
《中文版 Excel 2010 电子表格实用教程》	《中文版 Project 2010 实用教程》
《计算机网络技术实用教程》	《Word+Excel+PowerPoint 2010 实用教程》
《中文版 AutoCAD 2012 实用教程》	《中文版 AutoCAD 2013 实用教程》

《AutoCAD 2014 中文版基础教程》	《中文版 AutoCAD 2014 实用教程》
《中文版 Photoshop CS5 图像处理实用教程》	《中文版 Photoshop CS6 图像处理实用教程》
《中文版 Dreamweaver CS5 网页制作实用教程》	《中文版 Dreamweaver CS6 网页制作实用教程》
《中文版 Flash CS5 动画制作实用教程》	《中文版 Flash CS6 动画制作实用教程》
《中文版 Illustrator CS5 平面设计实用教程》	《中文版 Illustrator CS6 平面设计实用教程》
《中文版 InDesign CS5 实用教程》	《中文版 InDesign CS6 实用教程》
《中文版 CorelDRAW X5 平面设计实用教程》	《中文版 CorelDRAW X6 平面设计实用教程》
《网页设计与制作(Dreamweaver+Flash+Photoshop)》	《Mastercam X5 实用教程》
《ASP.NET 4.0 动态网站开发实用教程》	《Mastercam X6 实用教程》
《ASP.NET 4.5 动态网站开发实用教程》	《多媒体技术及应用》
《Java 程序设计实用教程》	《中文版 Premiere Pro CS5 多媒体制作实用教程》
《C#程序设计实用教程》	《中文版 Premiere Pro CS6 多媒体制作实用教程》
《SQL Server 2008 数据库应用实用教程》	《Windows 8 实用教程》
《Excel 财务会计实战应用(第三版)》	《AutoCAD 2015 中文版基础教程》
《中文版 Flash CC 动画制作实用教程》	《中文版 Photoshop CC 图像处理实用教程》
《电脑办公自动化实用教程(第三版)》	《中文版 Dreamweaver CC 网页制作实用教程》
《中文版 Illustrator CC 平面设计实用教程》	《中文版 AutoCAD 2015 实用教程》
《计算机基础实用教程(第三版)》	《Access 2013 数据库应用基础教程》
《中文版 Office 2013 实用教程》	

二、丛书特色

1. 选题新颖,策划周全——为计算机教学量身打造

本套丛书注重理论知识与实践操作的紧密结合,同时突出上机操作环节。丛书作者均为各大院校的教学专家和业界精英,他们熟悉教学内容的编排,深谙学生的需求和接受能力,并将这种教学理念充分融入本套教材的编写中。

本套丛书全面贯彻"理论→实例→上机→习题"4 阶段教学模式,在内容选择、结构安排上更加符合读者的认知习惯,从而达到老师易教、学生易学的目的。

2. 教学结构科学合理、循序渐进——完全掌握"教学"与"自学"两种模式

本套丛书完全以大中专院校、职业院校及各类社会培训学校的教学需要为出发点，紧密结合学科的教学特点，由浅入深地安排章节内容，循序渐进地完成各种复杂知识的讲解，使学生能够一学就会、即学即用。

对教师而言，本套丛书根据实际教学情况安排好课时，提前组织好课前备课内容，使课堂教学过程更加条理化，同时方便学生学习，让学生在学习完后有例可学、有题可练；对自学者而言，可以按照本书的章节安排逐步学习。

3. 内容丰富，学习目标明确——全面提升"知识"与"能力"

本套丛书内容丰富，信息量大，章节结构完全按照教学大纲的要求来安排，并细化了每一章内容，符合教学需要和计算机用户的学习习惯。在每章的开始，列出了学习目标和本章重点，便于教师和学生提纲挈领地掌握本章知识点，每章的最后还附带有上机练习和习题两部分内容，教师可以参照上机练习，实时指导学生进行上机操作，使学生及时巩固所学的知识。自学者也可以按照上机练习内容进行自我训练，快速掌握相关知识。

4. 实例精彩实用，讲解细致透彻——全方位解决实际遇到的问题

本套丛书精心安排了大量实例讲解，每个实例解决一个问题或是介绍一项技巧，以便读者在最短的时间内掌握计算机应用的操作方法，从而能够顺利解决实践工作中的问题。

范例讲解语言通俗易懂，通过添加大量的"提示"和"知识点"的方式突出重要知识点，以便加深读者对关键技术和理论知识的印象，使读者轻松领悟每一个范例的精髓所在，提高读者的思考能力和分析能力，同时也加强了读者的综合应用能力。

5. 版式简洁大方，排版紧凑，标注清晰明确——打造一个轻松阅读的环境

本套丛书的版式简洁、大方，合理安排图与文字的占用空间，对于标题、正文、提示和知识点等都设计了醒目的字体符号，读者阅读起来会感到轻松愉快。

三、读者定位

本丛书为所有从事计算机教学的老师和自学人员而编写，是一套适合于大中专院校、职业院校及各类社会培训学校的优秀教材，也可作为计算机初、中级用户和计算机爱好者学习计算机知识的自学参考书。

四、周到体贴的售后服务

为了方便教学，本套丛书提供精心制作的 PowerPoint 教学课件(即电子教案)、素材、源文件、习题答案等相关内容，可在网站上免费下载，也可发送电子邮件至 wkservice@vip.163.com 索取。

此外，如果读者在使用本系列图书的过程中遇到疑惑或困难，可以在丛书支持网站(http://www.tupwk.com.cn/edu)的互动论坛上留言，本丛书的作者或技术编辑会及时提供相应的技术支持。咨询电话：010-62796045。

中文版 Illustrator CC 是由 Adobe 公司推出的一款专业的矢量绘图软件，其强大的图像绘制与图文编辑功能，在平面设计、商业插画设计、印刷品排版设计、网页制作等领域都应用得非常广泛。而最新的 Illustrator CC 版本进一步增强了图形绘制功能，可以使设计师更加轻松快捷地完成设计。

　　本书从教学实际需求出发，合理安排知识结构，从零开始、由浅入深、循序渐进地讲解 Illustrator CC 的基本知识和使用方法，本书共分为 8 章，主要内容如下。

　　第 1 章介绍了 Illustrator CC 工作区的应用，以及文档的基础操作等内容。

　　第 2 章介绍了在 Illustrator CC 中创建矢量图形对象的操作方法和技巧。

　　第 3 章介绍了在 Illustrator CC 中矢量对象的组织、管理方法和技巧。

　　第 4 章介绍了在 Illustrator CC 中矢量对象编辑工具及命令的应用方法和技巧。

　　第 5 章介绍了在 Illustrator CC 中矢量对象基本外观的编辑操作方法和技巧。

　　第 6 章介绍了在 Illustrator CC 中矢量对象艺术外观效果的创建与编辑。

　　第 7 章介绍了在 Illustrator CC 中文本内容的创建、编辑，以及图文绕排等操作的方法和技巧。

　　第 8 章介绍了在 Illustrator CC 中图表的创建与编辑。

　　本书图文并茂，条理清晰，通俗易懂，内容丰富，在讲解每个知识点时都配有相应的实例，方便读者上机实践。同时在难于理解和掌握的内容上给出相关提示，让读者能够快速地提高操作技能。此外，本书配有大量综合实例和练习，让读者在实际操作中更加牢固地掌握书中讲解的内容。

　　为了方便老师教学，本书免费提供对应的电子教案、实例源文件和习题答案，您可以到 http://www.tupwk.com.cn/edu 网站的相关页面上进行下载。

　　本书分为 8 章，其中黑龙江财经学院的刘阳编写了 1～5 章，河北科技大学的崔洪斌编写了 6～8 章。另外，参加本书编写的人员还有陈笑、曹小震、高娟妮、李亮辉、洪妍、孔祥亮、陈跃华、杜思明、熊晓磊、曹汉鸣、陶晓云、王通、方峻、李小凤、曹晓松、蒋晓冬、邱培强等。由于作者水平所限，本书难免有不足之处，欢迎广大读者批评指正。我们的邮箱是 huchenhao@263.net，电话是 010-62796045。

作　者
2015 年 4 月

章 名	重 点 掌 握 内 容	教 学 课 时
第 1 章 熟悉 Illustrator CC 工作区	1. 熟悉 Illustrator CC 工作区 2. 首选项设置 3. Illustrator 的基本操作 4. 多个画板与页面显示 5. 辅助工具 6. 色彩基础知识	3 学时
第 2 章 图形的创建	1. 关于路径 2. 基本图形的绘制 3. 基本绘图工具的使用 4. 复合路径、复合形状和路径查找器 5. 实时描摹 6. 符号的应用	5 学时
第 3 章 对象的组织	1. 图形的选择 2. 链接图稿 3. 图形的排列与分布 4. 图层的使用	3 学时
第 4 章 图形的编辑	1. 改变形状工具及其相关面板 2. 即时变形工具的使用 3. 封套扭曲 4. 其他编辑命令 5. 蒙版	4 学时
第 5 章 基本外观的编辑	1. 编辑图稿着色 2. 实时上色 3. 【描边】面板 4. 填充渐变 5. 透明度和混合模式 6. 混合对象 7. 画笔的应用 8. 图案 9. 透视图	6 学时

(续表)

章　名	重点掌握内容	教学课时
第6章　艺术效果外观	1. 外观属性 2. 使用效果 3. 图形样式	4学时
第7章　文本	1. 文字工具 2. 置入和输入、输出文字 3. 创建区域文字 4. 串接对象之间的文本 5. 创建文本绕排 6. 创建路径文字 7. 选择文字 8. 编辑文字 9. 【字符样式】和【段落样式】面板	5学时
第8章　图标制作	1. 创建图表 2. 图表类型 3. 改变图表的表现形式 4. 自定义图表	3学时

注：1. 教学课时安排仅供参考，授课教师可根据情况作调整。

　　2. 建议每章安排与教学课时相同时间的上机练习。

计算机基础与实训教材系列

计算机基础与实训教材系列

Illustrator CC 基础知识

学习目标

Illustrator 是由 Adobe 公司开发的一款矢量图形软件。一经推出,便以强大的功能和人性化的界面深受用户的欢迎,并广泛应用于出版、多媒体和在线图像等领域。通过使用它,用户不但可以方便地制作出各种形状复杂、色彩丰富的图形和文字效果,还可以在同一版面中实现图文混排,甚至可以制作出极具视觉效果的图表。

本章重点

- 熟悉 Illustrator CC 工作区
- Illustrator CC 的基本操作
- 多个画板与页面显示
- 使用 Illustrator CC 辅助工具

1.1 熟悉 Illustrator CC 工作区

Illustrator 是 Adobe 公司开发的一款基于矢量绘图的平面设计软件。Illustrator 具有强大的绘图功能,其提供的多种绘图工具,可以使用户根据需要自由使用。例如,使用相应的几何形工具可以绘制简单几何形;使用铅笔工具可以徒手绘画;使用画笔工具可以模拟毛笔的效果;使用钢笔工具可以绘制复杂的图案等。用户使用绘图工具绘制出基本图形后,利用 Illustrator 完善的编辑功能还可以对图形进行编辑、组织、排列以及填充等操作创建复杂的图形对象。

除此之外,Illustrator 还提供了丰富的滤镜和效果命令,以及强大的文字与图表处理功能。通过这些命令功能可以为图形对象添加一些特殊效果,进行文本、图表设计,使绘制的图形更加生动,从而增强作品的表现力。

Illustrator 的工作区是创建、编辑、处理图形和图像的操作平台,它由菜单栏、工具箱、控

中文版 Illustrator CC 平面设计实用教程

制面板、绘图窗口、状态栏等部分组成。启动 Illustrator CC 软件后，屏幕上将会出现标准的工作区界面，如图 1-1 所示。

图 1-1　Illustrator CC 工作区

- 菜单栏：包括了【文件】、【编辑】、【对象】、【文字】、【选择】、【效果】、【视图】、【窗口】和【帮助】9 组命令菜单项。单击任意一项菜单项，在弹出的下拉菜单中选择所需命令，即可执行相应的操作。
- 工具箱：集合了 Illustrator CC 的大部分工具。工具箱可以折叠显示或展开显示。单击工具箱顶部的 图标，可以将其折叠为单栏显示；单击 图标，可以还原为双栏显示。将光标放置在工具箱顶部，然后按住鼠标左键拖动，还可以将工具箱设置为浮动状态。
- 控制面板：主要用来设置工具的参数选项，不同工具的控制面板显示不同。
- 面板堆栈：该区域主要用于放置常用的面板。通过单击该区域中的面板标签，可以将相应面板完整地显示出来。
- 绘图窗口：所有图形的绘制、编辑都是在该窗口中完成。
- 状态栏：提供了当前文档的缩放比例、显示页面，并可以通过调整相应的选项控制显示内容。

 1.1.1　自定义工作区布局

在使用 Illustrator CC 进行操作时，可以使用应用程序提供的预设工作区，也可以使用用户自定义的工作区。

【例 1-1】在 Illustrator 中，自定义工作区布局。

(1) 在 Illustrator CC 中，按照工作需要设置工作区布局。

(2) 选择【窗口】|【工作区】|【新建工作区】命令，打开【新建工作区】对话框。在对话框的【名称】文本框中输入"常用设置工作区"，然后单击【确定】按钮，如图 1-2 所示。

(3) 在工作区顶部单击【常用设置工作区】按钮即可选择存储的工作区，如图 1-3 所示。

图 1-2　新建工作区

图 1-3　选择存储的工作区

1.1.2　预设工作区

在工作区顶部的菜单栏中单击【基本功能】按钮，在弹出的下拉菜单中可以选择系统预设的工作区；也可以通过【窗口】|【工作区】子菜单来选择合适的工作区，如图 1-4 所示。

图 1-4　选择预设工作区

1.1.3　更改屏幕模式

单击工具箱底部的【切换屏幕模式】按钮，在弹出的下拉菜单中可以选择屏幕显示模式，如图 1-5 所示。

- ◉　正常屏幕模式：在标准窗口中显示图稿，菜单栏位于窗口顶部，工具箱和面板堆栈位于两侧，如图 1-6 所示。
- ◉　带有菜单栏的全屏模式：在全屏窗口中显示图稿，在顶部显示菜单栏，工具箱和面板堆栈位于两侧，隐藏系统任务栏，如图 1-7 所示。
- ◉　全屏模式：在全屏窗口中只显示图稿，如图 1-8 所示。

图1-5 切换屏幕模式　　　　　　　　　图1-6 正常屏幕模式

图1-7 带有菜单栏的全屏模式　　　　　　　图1-8 全屏模式

1.1.4 自定义快捷键

在 Illustrator CC 中，用户除了可以使用应用程序设置的快捷键外，还可以根据个人的使用习惯创建、编辑、存储快捷键。

【例1-2】在 Illustrator 中，自定义快捷键。

(1) 选择【编辑】|【键盘快捷键】命令，打开【键盘快捷键】对话框。在其下方的下拉列表框中选择需要修改【菜单命令】快捷键或【工具】快捷键，如图1-9所示。

(2) 在下方列表框中选择所需的命令或工具，单击【快捷键】列中显示的快捷键，在显示的文本框中输入新的快捷键，如图1-10所示。

图1-9 选择设置　　　　　　　　　图1-10 设置键盘快捷键

计算机基础与实训教材系列

 提示

　　如果输入的快捷键已指定给另一命令或工具，在该对话框的底部将显示警告信息，如图 1-11 所示。此时，可以单击【还原】按钮以还原更改，或单击【转到冲突处】按钮以转到其他命令或工具并指定一个新的快捷键。在【符号】列中，可以输入要显示在命令或工具的菜单或工具提示中的符号。

　　(3) 在【键盘快捷键】对话框的【键集】选项右侧单击【存储…】按钮 ，打开【存储键集文件】对话框。在对话框中的【名称】文本框中输入"自定义快捷键"，最后单击【确定】按钮，即可完成快捷键的自定义，如图 1-12 所示。

图 1-11　快捷键冲突

图 1-12　自定义快捷键

1.5　工具箱

　　在 Illustrator CC 中，工具箱是非常重要的功能组件，它包含了 Illustrator 中常用的绘制、编辑、处理操作工具，例如【钢笔】工具、【选择】工具、【旋转】工具、【网格】工具等。用户需要使用某个工具时，只需单击该工具即可。

　　由于工具箱大小的限制，许多工具并未直接显示在工具箱中，因此许多工具都隐藏在工具组中。在工具箱中，如果某一工具的右下角有黑色三角形，则表明该工具属于某一工具组，工具组中的其他工具处于隐藏状态。将鼠标移至工具图标上单击即可打开隐藏工具组；单击隐藏工具组后的小三角按钮即可将隐藏工具组分离出来，如图 1-13 所示。

图 1-13　分离隐藏工具组

> **提示**
>
> 如果觉得通过将工具组分离出来选取工具太麻烦，那么只要按住 Alt 键，在工具箱中单击工具图标就可以进行隐藏工具的切换。

① 1.6 控制面板

Illustrator 中的控制面板用来辅助工具箱中工具或菜单命令的使用，对图形或图像的修改起着重要的作用，灵活掌握控制面板的基本使用方法有助于帮助用户快速地进行图形编辑。

通过控制面板可以快速地访问、修改与所选对象相关的选项。默认情况下，控制面板停放在菜单栏的下方，如图 1-14 所示。用户也可以通过单击控制面板最右侧的【面板菜单】按钮，在弹出的下拉菜单中选择【停放到底部】命令，将控制面板放置在工作区的底端。

链接到另一个面板

图 1-14 控制面板

当控制面板中的文本为蓝色且带下划线时，用户可以单击文本以显示相关的面板或对话框，如图 1-15 所示。例如，单击【不透明度】链接，可显示【不透明度】面板。单击控制面板或对话框以外的任何位置可以将其关闭。

图 1-15 链接相关面板

① 1.7 面板

Illustrator 中常用的命令面板以图标的形式放置在工作区的右侧，用户可以通过单击右上角的【展开面板】按钮 ◀◀ 来显示面板，如图 1-16 所示，这些面板可以帮助用户控制和修改图形。要完成图形制作，面板的应用是不可或缺的。在 Illustrator 中提供了数量众多的面板，其中常用的面板有图层、画笔、颜色、描边、渐变、透明度等面板。

图 1-16　展开面板

知识点

按键盘上的 Tab 键可以隐藏或显示工具箱、控制面板和常用命令面板。按 Shift+Tab 组合键可以隐藏或显示常用命令面板。

在面板的应用过程中，用户可以根据个人需要对面板进行自由的移动、拆分、组合、折叠等操作。将鼠标移动到面板标签上单击并按住向后拖动，即可将选中的面板放置到面板组的后方，如图 1-17 所示。将鼠标放置在需要拆分的面板标签上单击并按住拖动，当出现蓝色突出显示的放置区域时，则表示拆分的面板将放置在此区域，如图 1-18 所示。

图 1-17　移动面板　　　　　　　　　　　　　　　　　　图 1-18　拆分面板

如果要组合面板，将鼠标放置在面板标签上单击并按住拖动至需要组合的面板组中释放即可，如图 1-19 所示。同时，用户也可以根据需要改变面板的大小，单击面板标签旁的 按钮，或双击面板标签，可显示或隐藏面板选项，如图 1-20 所示。

图 1-19　组合面板　　　　　　　　　　　　　　图 1-20　显示隐藏面板选项

①.1.8 设置首选项

在 Illustrator CC 中，用户可以通过【首选项】命令，对软件各种参数进行设置，从而更加方便快速地应用绘制。选择菜单栏中的【编辑】|【首选项】命令，可以打开【首选项】的子菜单。在该子菜单中，用户选择需要设置的参数的命令来打开【首选项】对话框中的相应选项。在打开的【首选项】对话框中，设置相应的工作环境参数。

1. 【常规】设置

选择【编辑】|【首选项】|【常规】命令，或按 Ctrl+K 组合键，打开【首选项】对话框中的【常规】选项，如图 1-21 所示。

在该对话框的【常规】选项中，【键盘增量】文本框用于设置使用键盘方向键移动对象时的距离大小，例如该文本框中默认的数值为 0.3528mm，该数值表示选择对象后按下键盘上的任意方向键一次，当前对象在工作区中将移动 0.3528mm 的距离。【约束角度】文本框用于设置页面工作区中所创建图形的角度，例如输入 30°，那么所绘制的任何图形均按照倾斜 30° 进行创建。【圆角半径】文本框用于设置工具箱中的【圆角矩形】工具绘制图形的圆角半径。【常规】选项中各主要复选框的作用分别如下。

- ◉ 【停用自动添加/删除】选项：选中该项后，若将光标放在所绘制路径上，【钢笔】工具将不能自动变换为【添加锚点】工具或者【删除锚点】工具。
- ◉ 【双击以隔离】选项：选中该项后，通过在对象上双击即可把该对象隔离起来。
- ◉ 【使用精确光标】选项：选中该项后，在使用工具箱中的工具时，将会显示一个十字框，这样可以进行更为精确的操作。
- ◉ 【使用日式裁剪标记】选项：选中该项后，将会产生日式裁切线。
- ◉ 【显示工具提示】选项：选中该选项后，如果把鼠标光标放在工具按钮上，将会显示出该工具的简明提示。
- ◉ 【变换图案拼贴】选项：选中该项后，当对图样上的图形进行操作时，图样也会被执行相同的操作。
- ◉ 【消除锯齿图稿】选项：选中该项后，将会消除图稿中的锯齿。
- ◉ 【缩放描边和效果】选项：选中该项后，当调整图形时，边线也会被进行同样的调整。
- ◉ 【选择相同色调百分比】选项：选中该项后，在选择时，可选择线稿图中色调百分比相同的对象。
- ◉ 【使用预览边界】选项：选中该项后，当选择对象时，选框将包括线的宽度。
- ◉ 【打开旧版文件时追加[转换]】选项：选中该项后，如果打开以前版本的文件，则会启用转换为新格式的功能。

2. 【选择和锚点显示】设置

　　【选择和锚点显示】选项用于设置选择的容差和锚点的显示效果，选择【编辑】|【首选项】|【选择和锚点显示】命令，即可打开【首选项】对话框中的【选择和锚点显示】选项，如图 1-22 所示。【鼠标移过时突出显示锚点】：选中该选项后，当移动鼠标经过锚点时，锚点就会突出显示。【选择多个锚点时显示手柄】：选中该选项，在选择多个锚点后就会显示出手柄。

图 1-21　【常规】设置

图 1-22　【选择和锚点显示】设置

3. 【文字】设置

　　选择【编辑】|【首选项】|【文字】命令，系统将打开【首选项】对话框的【文字】选项，如图 1-23 所示。在该对话框的【文字】选项中，【大小/行距】文本框用于调整文字之间的行距。【字距调整】文本框用于设置文字之间的间隔距离。【基线偏移】文本框用于设置文字基线的位置。选中【仅按路径选择文字对象】复选框，可以通过直接单击文字路径的任何位置来选择该路径上的文字。选中【以英文显示字体名称】复选框，【字符】面板中的【字体类型】下拉列表框中的字体名称将以英文方式进行显示。

4. 【单位】设置

　　选择【编辑】|【首选项】|【单位】命令，即可打开【首选项】对话框中的【单位】选项，如图 1-24 所示。【单位】选项用于设置图形的显示单位和性能。

- ◉　【常规】：用于设置标尺的度量单位。在 Illustrator 中共有 7 种度量单位，分别是 pt、毫米、厘米、派卡、英寸、Ha 和像素。
- ◉　【描边】：用于设置边线的度量单位。
- ◉　【文字】：用于设置文字的度量单位。
- ◉　【东亚文字】：用于设置东亚文字的度量单位。

图 1-23 　【文字】设置　　　　　　　　　图 1-24 　【单位】设置

5. 【参考线和网格】设置

选择【编辑】|【首选项】|【参考线和网格】命令，即可打开【首选项】对话框中的【参考线和网格】选项，如图 1-25 所示。【参考线和网格】选项用于设置参考线和网格的颜色和样式。

参考线选项区域下，【颜色】选项用于设置参考线的颜色，也可以单击后面的颜色框来设置颜色。【样式】选项用于设置参考线的类型，有直线和虚线两种。

网格选项区域下，【颜色】选项用于设置参考线的颜色，也可以单击后面的颜色框来设置颜色。【样式】选项用于设置参考线的类型，有直线和虚线两种。【网格线间隔】选项用于设置网格线的间隔距离。【次分隔线】选项用于设置网格线的数量。选中【网格置后】选项后，网格线位于对象的后面。【显示像素网格】选项用于设置显示像素网格。

6. 【智能参考线】设置

选择【编辑】|【首选项】|【智能参考线】命令，即可打开【首选项】对话框中的【智能参考线】选项，如图 1-26 所示。

- 【颜色】：指定智能参考线的颜色。
- 【对齐参考线】：选中该复选框，可显示沿着几何对象、画板、出血的中心和边缘生成的参考线。当移动对象、绘制基本形状、使用钢笔工具以及变换对象等时，也将生成参考线。
- 【锚点/路径标签】：选中该复选框，可在路径相交或路径居中对齐锚点时显示信息。
- 【对象突出显示】：选中该复选框，可在对象周围拖移时突出显示指针下的对象。突出显示颜色与对象的图层颜色匹配。
- 【度量标签】：选中该复选框后，将光标置入某个锚点上时，可为许多工具显示有关光标当前位置的信息。创建、选择、移动或变换对象时，可显示相对于对象原始位置的 X 轴和 Y 轴偏移量。在使用绘图工具时，按住 Shift 键，则将显示起始位置。
- 【变换工具】：选中该复选框，可在比例缩放、旋转和倾斜对象时显示信息。

- 【结构参考线】：选中该复选框，可在绘制新对象时显示参考线。此时可以指定从附近对象的锚点绘制参考线的角度，最多可以设置 6 个角度。在选中的角度文本框中输入一个角度、从【结构参考线】复选框右侧的下拉列表中选择一组角度或者从下拉列表框中选择一组角度并更改文本框中的一个值以自定义一组角度。
- 【对齐容差】：指定使【智能参考线】生效的指针与对象之间的距离。

图 1-25 　【参考线和网格】设置　　　　图 1-26 　【智能参考线】设置

7. 【增效工具和暂存盘】设置

选择【编辑】|【首选项】|【增效工具和暂存盘】命令，即可打开【首选项】对话框中的【增效工具和暂存盘】选项，如图 1-27 所示。【增效工具和暂存盘】选项用于设置如何使系统更有效率，以及文件的暂存盘设置。

在【首选项】对话框的【增效工具和暂存盘】选项中，用户可以在选中【其他增效工具文件夹】复选框后，单击【选取】按钮，在打开的【新建的其他增效工具文件夹】对话框中设置增效工具文件夹的名称与位置。在【暂存盘】选项区域中，用户可以设置系统的主要和次要暂存盘存放位置。不过，需要注意的是，最好不要将系统盘作为第一启动盘，这样可以避免因频繁读写硬盘数据而影响操作系统的运行效率。暂存盘的作用是当 Illustrator 处理较大的图形文件时，将暂存盘设置的磁盘空间作为缓存，以存放数据信息。

8. 【用户界面】

选择【编辑】|【首选项】|【用户界面】命令，即可打开【首选项】对话框中的【用户界面】选项，如图 1-28 所示。【用户界面】选项用于设置用户界面的颜色深浅，用户可以根据自己的喜好进行设置。用户可以通过拖动【亮度】右侧的滑块来调整用户界面的颜色深浅。

9. 【文件处理和剪贴板】设置

选择【编辑】|【首选项】|【文件处理和剪贴板】命令，即可打开【首选项】对话框中的【文件处理和剪贴板】选项，如图 1-29 所示。【文件处理和剪贴板】选项用于设置文件和剪贴板的

处理方式。

- 【对链接的 EPS 使用低分辨率替代文件】选项：选择该项后，可允许在链接 EPS 时使用低分辨显示。
- 【在"像素预览"中将位图显示为消除了锯齿的图像】选项：选择该项后，可将置入位图图像消除锯齿。
- 【更新链接】选项：用于设置在链接文件改变时是否更新文件。
- PDF：选择该项后，允许在剪贴板中使用 PDF 格式的文件。
- AICB：选择该项后，允许剪贴板中使用 AICB 格式的文件。

图 1-27　【增效工具和暂存盘】设置

图 1-28　【用户界面】设置

10. 【黑色外观】设置

在 Illustrator 和 InDesign 中，在进行屏幕查看、打印到非 PostScript 桌面打印机或者导出为 RGB 文件格式时，纯 CMYK 黑(K=100)将显示为墨黑(复色黑)。如果想查看商业印刷商打印出来的纯黑和复色黑的差异，可以在【黑色外观】设置选项中进行设置，如图 1-30 所示。

图 1-29　【文件处理和剪贴板】设置

图 1-30　【黑色外观】设置

- 【屏幕显示】选项：该下拉列表中【精确显示所有黑色】选项将纯 CMYK 黑显示为深灰。此设置允许用户查看纯黑和复色黑之间的差异。【将所有黑色显示为复色黑】选项将纯 CMYK 黑显示为墨黑(R=0 G=0 B=0)。此设置可确保纯黑和复色黑在屏幕上的显示一样。
- 【打印/导出】选项：如果在打印到非 PostScript 桌面打印机或者导出为 RGB 文件格式时，选择【精确输出所有黑色】选项，则使用文档中的颜色只输出纯 CMYK 黑。此设置允许用户查看纯黑和复色黑之间的差异。选择【将所有黑色输出为复色黑】选项，则以墨黑(R=0 G=0 B=0)输出纯 CMYK 黑。此设置可确保纯黑和复色黑的显示相同。

1.2 Illustrator 的基本操作

用户在学习使用 Illustrator 绘制图形之前，需要了解关于 Illustrator 文件的基本操作，如文件的新建、打开、保存、关闭、置入、导出，以及页面的设置等操作。熟悉掌握了这些基本操作后，可以帮助用户更好地进行设计与制作。

1.2.1 新建文件

在 Illustrator 中需要制作一个新文件时，可以使用【新建文档】命令新建一个空白绘图窗口，也可以使用【从模板新建】命令新建一个包含基础对象的文档。

1. 使用【新建】命令

选择菜单栏中的【文件】|【新建】命令，在打开【新建文档】对话框中进行参数设置，即可创建新文档。

【例 1-3】在 Illustrator CC 中，创建空白文档。

(1) 启动 Illustrator CC，选择菜单栏中的【文件】|【新建】命令，或按 Ctrl+N 组合键，打开【新建文档】对话框，如图 1-31 所示。

(2) 在【新建文档】对话框的【名称】文本框中输入"彩插"。在【画板数量】数值框中输入 4，然后单击【按行设置网格】按钮，如图 1-32 所示。【间距】数值指定画板之间的默认间距。此设置同时应用于水平间距和垂直间距。

> **知识点**
>
> 【画板数量】右侧的按钮用来指定文档画板在工作区中的排列顺序。单击【按行设置网格】按钮在指定数目的行中排列多个画板。从【行】菜单中选择行数。如果采用默认值，则会使用指定数目的画板创建尽可能方正的外观。单击【按列设置网格】按钮在指定数目的列中排列多个画板。从【列】菜单中选择列数。如果采用默认值，则使用指定数目的画板创建尽可能方正的外观。单击【按行排列】按钮将画板排列成一个直行。单击【按列排列】按钮将画板排列成一个直列。单击【更改为从右到左布局】按钮按指定的行或列格式排列多个画板，但按从右到左的顺序显示它们。

图 1-31　打开【新建文档】对话框

图 1-32　设置画板

(3) 在【大小】下拉列表中选择 B5 选项，为所有画板指定默认大小、度量单位。单击【纵向】按钮设置文档布局，在【出血】数值框中指定画板每一侧的出血位置为 3mm，如图 1-33 所示。要对画板每边使用不同的出血数值，可单击按钮断开链接。

(4) 单击【高级】选项左侧的 ▶ 按钮，打开设置选项。在【颜色模式】下拉列表中选择 CMYK 颜色模式，在【栅格效果】下拉列表中选择【高(300ppi)】，如图 1-34 所示。

图 1-33　设置布局

图 1-34　设置颜色模式

(5) 在该对话框中，设置完成后，单击【确定】按钮，即可按照设置在工作区中创建文档，如图 1-35 所示。

图 1-35　新建文档

> **提示**
>
> 　　在对话框中，用户还可以通过单击【模板】按钮，打开【从模板新建】对话框，选择预置的模板样式新建文档。

2. 从模板新建

选择【文件】|【从模板新建】命令或使用快捷键 Shift+Ctrl+N 键，打开【从模板新建】对话框。在对话框中选中要使用的模板选项，即可创建一个模板文档，如图 1-36 所示。在该模板文档的基础上通过修改和添加新元素，最终得到一个新文档。

图 1-36 从模板新建文档

1.2.2 打开文件

要对已有的文件进行处理就需要将其在 Illustrator 中打开。选择【文件】|【打开】命令，或按快捷键 Ctrl+O 键，在弹出的【打开】对话框中双击选择需要打开的文件名，即可将其打开，如图 1-37 所示。

图 1-37 打开图像

1.2.3 恢复、关闭文件

选择【文件】|【恢复】命令或使用快捷键 F12，可以将文件恢复到上次存储的版本。但如果已关闭文件，再将其重新打开，则无法执行此操作。

要关闭文档可以选择菜单栏中的【文件】|【关闭】命令，或按快捷键 Ctrl+W 键，或直接单击文档窗口右上角的【关闭】按钮⊠，即可关闭文档。

1.2.4 存储文件

要存储图形文档可以选择菜单栏中的【文件】|【存储】、【存储为】、【存储副本】或【存

储为模板】命令。

- 【存储】命令用于保存操作结束前未进行过保存的文档。选择【文件】|【存储】命令或使用快捷键 Ctrl+S 键，打开【存储为】对话框。
- 【存储为】命令可以对编辑修改后，保存时又不想覆盖原文档的文档进行另存。选择【文件】|【存储为】命令或使用快捷键 Shift+Ctrl+S 键，打开【存储为】对话框。
- 【存储副本】命令可以将当前编辑效果快速保存并且不会改动原文档。选择【文件】|【存储副本】命令或使用快捷键 Ctrl+Alt+S 键，打开【存储副本】对话框。
- 【存储为模板】命令可以将当前编辑效果存储为模板，以便其他用户创建、编辑文档。选择【文件】|【存储为模板】命令，打开【存储为】对话框。

【例 1-4】在 Illustrator CC 中，使用【存储为】命令将修改过的图形文件进行另存。

(1) 选择菜单栏中【文件】|【从模板新建】命令，在【从模板新建】对话框中，选择"技术"文件夹中的"信纸"文件，然后单击【新建】按钮从模板新建文件，如图 1-38 所示。

图 1-38　打开文档

(2) 在【画板】面板中，双击 Folder 画板，在绘图窗口中显示该画板内容，如图 1-39 所示。

(3) 使用工具箱中的【选择】工具，选中图形对象，并在【透明度】面板中设置【不透明度】数值为 50%，如图 1-40 所示。

图 1-39　选中画板　　　　　　图 1-40　调整对象

(4) 选择菜单栏中的【文件】|【存储为】命令，打开【存储为】对话框。在【保存在】下拉列表框中选择文件夹保存。在【文件名】文本框中，将文件名称更改为"信纸 副本"，保存

类型选择【Adobe Illustrator (*.AI)】。设置完成后，单击【保存】按钮，弹出【Illustrator 选项】对话框，这里使用默认设置，再单击【确定】按钮，即可将修改后的文档另存，如图 1-41 所示。

图 1-41　另存文档

① 2.5　置入、导出文件

Illustrator CC 具有良好的兼容性，利用 Illustrator 的【置入】与【导出】功能，可以置入多种格式的图形图像文件为 Illustrator 所用，也可以将 Illustrator 的文件以其他的图像格式导出为其他软件所用。

1. 置入文件

置入文件是为了把其他应用程序中的文件输入到 Illustrator 当前编辑的文件中。置入的文件可以嵌入到 Illustrator 文件中，成为当前文件的构成部分；也可以与 Illustrator 文件建立链接。在 Illustrator 中，选择【文件】|【置入】命令打开【置入】对话框，选择所需的文件，然后单击【置入】按钮即可把选择的文件置入到 Illustrator 文件中。

【例 1-5】在 Illustrator 中，置入 EPS 格式文件。

(1) 在 Illustrator 中，新建一个空白文件。选择菜单栏中的【文件】|【置入】命令，打开【置入】对话框。在对话框中，选择要置入的图形文件，然后单击【置入】按钮，即可将选取的文件置入到页面中，如图 1-42 所示。

图 1-42　置入文档

知识点

选择【链接】复选框，被置入的图形或图像文件与 Illustrator 文档保持独立，最终形成的文档不会太大，当链接的原文件被修改或编辑时，置入的链接文件也会自动修改更新。若不选择此项，置入的文件会嵌入到 Illustrator 文档中，该文件的信息将完全包含在 Illustrator 文档中，形成一个较大的文件，并且当链接的文件被编辑或修改时，置入的文件不会自动更新。默认状态下，此选项处于被选择状态。选择【模板】复选框，将置入的图形或图像创建为一个新的模板图层，并用图形或图像的文件名称为该模板命名。如果在置入图形或图像文件之前，选择【替换】复选框，页面中有被选取的图形或图像，选择此选项时，可以用新置入的图形或图像替换被选取的原图形或图像。页面中如没有被选取的对象，此选项不可用。

(2) 将光标移动放置在置入图像边框上，当光标变为双向箭头时，可以按住鼠标并拖动放大或缩小图像，如图 1-43 所示。设置完成后，单击控制面板上的【嵌入】按钮，即可将图像嵌入到文档中。

图 1-43　放大图像

2. 导出文件

有些应用程序不能打开 Illustrator 文件，在这种情况下，可以在 Illustrator 中把文件导出为其他应用程序可以支持的格式，这样就可以在其他应用程序中打开这些文件了。在 Illustrator 中，选择【文件】|【导出】命令，打开【导出】对话框。在对话框中设置好文件名称和文件格式后，单击【保存】按钮即可导出文件。

【例1-6】在 Illustrator 中，选择打开图形文档，并将文档以 TIFF 格式导出。

(1) 选择菜单栏中的【文件】|【打开】命令，打开【打开】对话框。在【打开】对话框中选择01 文件夹下的文档，单击【打开】按钮打开，如图 1-44 所示。

图 1-44　打开图像文档

(2) 选择菜单栏的【文件】|【导出】命令，即弹出【导出】对话框。在打开对话框中，在【保存在】下拉列表中选择导出文件的位置。在【文件名】文本框中重新输入文件名称。在【保存类型】下拉列表框中选择【TIFF(*.TIF)】格式，如图 1-45 所示，单击【导出】按钮。

(3) 弹出如图 1-46 所示的【TIFF 选项】对话框，选项设置完成后，单击【确定】按钮，即可完成图形的输出操作。

图 1-45　设置【导出】对话框

图 1-46　设置【TIFF 选项】对话框

1.3　多个画板与页面显示

画板表示包含可打印图稿的区域，可以将画板作为裁剪区域以满足打印或置入的需要。

1.3.1　使用文档设置

选择【文件】|【文档设置】命令或单击控制面板中的【文档设置】按钮，在打开的【文档设置】对话框中可以随时更改文档的默认设置选项，如度量单位、透明度网格显示、文字设置等，如图 1-47 所示。

- 在【单位】下拉列表中选择不同的选项，定义调整文档时使用的单位。
- 在【出血】选项组的 4 个文本框中，设置【上方】、【下方】、【左方】和【右方】文本框中的参数，重新调整出血线的位置。通过单击【链接】按钮，可以统一所有方向的出血线的位置。
- 通过单击【编辑画板】按钮，可以对文档中的画板进行重新调整。
- 选中【以轮廓模式显示图像】复选框时，文档将只显示图像的轮廓线，从而节省计算的时间。
- 选中【突出显示替代的字形】复选框时，将突出显示文档中被代替的字形。
- 在【网格大小】下拉列表中选择不同的选项，可以定义透明网格的颜色，如果列表中的选项都不是要使用的，可以在右侧的两个颜色按钮中进行调整，重新定义自定义的网格颜色。

◉ 如果计划在彩纸上打印文档，则选中【模拟彩纸】复选框。

◉ 在【预设】下拉列表中选中不同的选项，可以定义导出和剪贴板透明度拼合器的设置。

在【文档设置】对话框的上部单击【文字】按钮，可以显示如图 1-48 所示的【文字】设置选项。

◉ 当选中【使用弯引号】复选框时，文档将采用中文中的引号效果，不使用英文中的直引号，反之则效果相反。

◉ 在【语言】下拉列表中选择不同的选项，可以定义文档中文字的检查语言规则。

◉ 在【双引号】和【单引号】下拉列表中选择不同的选项，可以定义相应引号的样式。

◉ 在【上标字】和【下标字】两个选项中，调整【大小】和【位置】中的参数，从而定义相应角标的尺寸和位置。

◉ 在【小型大写字母】文本框中输入相应的数值，可以定义小型大写字母占原始大写字母尺寸的百分比。

◉ 在【导出】下拉列表中选择不同的选项，可以定义导出后文字的状态。

图 1-47　【文档设置】对话框

图 1-48　【文字】选项

1 3.2　使用多个画板

每个文档可以有 1~100 个画板。用户可以在新建文档的时候指定文档的画板数，也可以在处理文档的过程中随时添加或删除画板。

1. 使用【画板】工具

在 Illustrator 中，可以创建大小不同的画板，并且使用【画板】工具可以调整画板大小，还可以将画板放在屏幕上任何位置，甚至可以使它们彼此重叠。双击工具箱中的【画板】工具，或单击【画板】工具，然后单击控制面板中的【画板选项】按钮📋打开【画板选项】对话框，在该对话框中进行相应的设置。

- 【预设】选项区：用于指定画板尺寸，如图 1-49 所示。【宽度】和【高度】选项用于指定画板大小。【方向】选项用于指定横向和纵向的页面方向。X 和 Y 选项用于根据 Illustrator 工作区标尺来指定画板位置。如果手动调整画板大小，选中【约束比例】复选框则保持画板长宽比不变。

- 【显示】选项区：如图 1-50 所示，【显示中心标记】选项用于在画板中显示中心点位置。【显示十字线】选项用于显示通过画板每条边中心的十字线。【显示视频安全区域】选项用于显示参考线，这些参考线表示位于可查看的视频区域内的区域。用户需要将必须能够查看的所有文本和图稿都放在视频安全区域内。【视频标尺像素长宽比】选项用于指定画板标尺的像素长宽比。

图 1-49 【预设】选项区

图 1-50 【显示】选项区

- 【渐隐画板之外的区域】：当【画板】工具处于现用状态时，显示的画板之外区域比画板内的区域暗。

- 【拖动时更新】：用于在拖动画板以调整其大小时，使画板之外的区域变暗。

【例 1-7】在 Illustrator 中，创建新画板。

(1) 选择【文件】|【打开】命令，打开【打开】对话框，然后在该对话框中选择 01 文件夹下的文档，并单击【打开】按钮将其在 Illustrator 中打开，如图 1-51 所示。

图 1-51 打开文档

(2) 单击【画板】工具，然后在控制面板上单击【新建画板】按钮 ，然后在页面中需要创建画板的位置单击，即可创建新画板，如图 1-52 所示。

图 1-52　创建新画板

(3) 创建成功后要确认该画板并退出画板编辑模式，可单击工具箱中的其他工具或按 Esc 键即可，如图 1-53 所示。

图 1-53　退出画板编辑模式

提示

要在现用画板中创建画板，可以按住 Shift 键并使用【画板】工具拖动。要复制带内容的画板，可选择【画板】工具，单击选项栏上的【移动/复制带画板的图稿】按钮，按住 Alt 键然后拖动。

2. 使用【画板】面板

在【画板】面板中可以对画板进行添加、重新排序、重新排列和删除面板、重新排序和重新编号、在多个画板之间进行选择和导航等操作。选择【窗口】|【画板】命令，打开【画板】面板。

单击【画板】面板底部的【新建画板】按钮，或从【面板】面板菜单中选择【新建画板】命令即可新建面板，如图 1-54 所示。

图 1-54　新建画板

选择要删除的画板，若要删除多个画板，按住 Shift 键单击【画板】面板中列出的画板。然后单击【画板】面板底部的【删除画板】按钮，或选择【画板】面板菜单中的【删除画板】命令。若要删除多个不连续的画板，按住 Ctrl 键并在【画板】面板上单击画板，再单击【删除画板】按钮，如图 1-55 所示。

选择要复制的一个或多个画板，将其拖动到【画板】面板的【新建面板】按钮上，即可快速复制一个或多个画板，如图 1-56 所示。或选择【画板】面板菜单中的【复制画板】命令。

图 1-55　删除画板　　　　　　　　　　　　　　　　图 1-56　复制画板

　　若要重新排列【画板】面板中的画板，可以选择【画板】面板菜单中的【重新排列画板】命令，在打开的对话框中进行相应的设置，如图 1-57 所示。

图 1-57　重新排列画板

- ⦿　【按行设置网格】按钮：在指定的行数中排列多个画板。
- ⦿　【按列设置网格】按钮：在指定的列数中排列多个画板。
- ⦿　【按行排列】按钮：该选项会将所有画板排列为一行。
- ⦿　【按列排列】按钮：该选项会将所有画板排列为一列。
- ⦿　【更改为从右至左的版面】按钮 ⭠ /【更改为从左至右的版面】按钮 ⭢：该选项将画板从左至右或从右至左排列。默认情况下，画板从左至右排列。
- ⦿　【列数】/【行数】数值框：该选项指定多个画板排列的列数或行数。
- ⦿　【间距】数值框：指定画板间的间距。该设置同时应用于水平间距和垂直间距。
- ⦿　【随画板移动图稿】复选框：选中该项，可以更改画板位置时，同时移动图稿。

①3.3　查看文件

　　使用 Illustrator 打开多个文件时，选择合理的查看方式可以更好地对图像进行浏览或编辑。查看方式有多种，用户可以通过【视图】命令，或【缩放】工具、【抓手】工具，或【导航器】面板进行查看。

1．使用【视图】命令

在 Illustrator CC 中的【视图】菜单中，提供了以下几种图像浏览方式。

- 选择【视图】|【放大】命令，即可放大图像显示比例到下一个预设百分比。
- 选择【视图】|【缩小】命令，可以缩小图像显示到下一个预设百分比。
- 选择【视图】|【画板适合窗口大小】命令，可将当前画板按照屏幕尺寸进行缩放。
- 选择【视图】|【全部适合窗口大小】命令，可查看窗口中的所有内容。
- 选择【视图】|【实际大小】命令，可以以 100%比例显示文件。

2．使用工具浏览

在 Illustrator CC 中提供了两个用于浏览视图的工具，一个是用于图像缩放的【缩放】工具，另一个是用于移动图像显示的【抓手】工具。

选择工具箱中的【缩放】工具 ，在工作区中单击，即可放大图像，按住 Alt 键再使用【缩放】工具单击，可以缩小图像。用户也可以选择【缩放】工具后，在需要放大的区域拖动出一个虚线框，然后释放鼠标即可放大选中的区域，如图 1-58 所示。

图 1-58　使用【缩放】工具放大视图

在放大显示的工作区域中观察图形时，经常还需要观察文档窗口以外的视图区域。因此，需要通过移动视图显示区域来进行观察。如果需要实现该操作，用户可以选择工具箱中的【手形】工具 ，然后在工作区中按下并拖动鼠标，即可移动视图显示画面，如图 1-59 所示。

图 1-59　移动显示区域

使用键盘快捷键也可以快速地放大或缩小窗口中的图形。按 Ctrl++组合键可以放大图形，按 Ctrl+-组合键可以缩小图形。按 Ctrl+0 键可以使画板适合窗口显示。

3. 使用【导航器】面板

在 Illustrator CC 中，通过【导航器】面板，用户不仅可以很方便地对工作区中所显示的图形对象进行移动观察，还可以对视图显示的比例进行缩放调节。通过选择菜单栏中的【窗口】|【导航器】命令即可显示或隐藏【导航器】面板。

【例 1-8】在 Illustrator 中，使用【导航器】面板改变图形文档显示比例和区域。

(1) 选择【文件】|【打开】命令，在打开的【打开】对话框中选中一个图形文档，然后单击【打开】按钮将其在 Illustrator 中打开，如图 1-60 所示。

图 1-60　打开图形文档

(2) 选择菜单栏中的【窗口】|【导航器】命令，可以在工作界面中显示【导航器】面板，如图 1-61 所示。

(3) 在【导航器】面板底部【显示比例】文本框中直接输入数值 50%，按 Enter 键应用设置，改变图像文件窗口的显示比例，如图 1-62 所示。

图 1-61　【导航器】面板　　　图 1-62　使用【显示比例】文本框

(4) 单击选中【显示比例】文本框右侧的缩放比例滑块，并按住鼠标左键进行拖动，至适合位置释放左键，以调整图像文件窗口的显示比例。向左移动缩放比例滑块时，可以缩小画面的显示比例；向右移动缩放比例滑块，可以放大画面的显示比例。在调整画面显示时，【导航器】面板中的红色矩形框也会同时进行相应的缩放，如图 1-63 所示。

图1-63 拖动滑块改变视图显示比例

(5)【导航器】面板中的红色矩形框表示当前窗口显示的画面范围。当把光标移动至【导航器】面板预览窗口中的红色矩形框内，光标会变为手形标记 ，按住并拖动手形标记，即可通过移动红色矩形框来改变放大的图像文件窗口中显示的画面区域，如图1-64所示。

图1-64 在【导航器】面板中移动画面显示区域

1 3.4 文件的显示状态

在 Illustrator 中，图形对象有两种显示的状态，一种是预览显示，另一种是轮廓显示。在预览显示的状态下，图形会显示出全部的色彩、描边、文本、置入图像等构成信息。而选择菜单栏【视图】|【轮廓】命令，或按快捷键 Ctrl+Y 键可将当前所显示的图形以无填充、无颜色、无画笔效果的原线条状态显示，如图1-65所示。利用此种显示模式，可以加快显示速度。如果想返回预览显示状态，选择【视图】|【预览】命令即可。

图1-65 设置图像显示效果

1.4　辅助工具

通过使用标尺、参考线、网格，用户可以更精确地放置对象，用户也可以通过自定义标尺、参考线和网格为绘图带来便利。

1.4.1　标尺

在工作区中，标尺由水平标尺和垂直标尺两部分组成。通过使用标尺，用户不仅可以很方便地测量出对象的大小与位置，还可以结合从标尺中拖动出的参考线准确地创建和编辑对象。

1. 使用标尺

在默认情况下标尺处于隐藏状态，选择【视图】|【标尺】|【显示标尺】命令或按快捷键Ctrl+R 键，可以在工作区中显示标尺，如图 1-66 所示。如果要隐藏标尺，可以选择【视图】|【标尺】|【隐藏标尺】命令或按快捷键 Ctrl+R 键。

图 1-66　显示标尺

在 Illustrator 中包含全局标尺和画板标尺两种标尺。全局标尺显示在绘图窗口的顶部和左侧，默认标尺原点位于绘图窗口的左上角。而画板标尺的原点则位于画板的左上角，并且在选中不同画板时，画板标尺也会发生变化。若要在画板标尺和全局标尺之间切换，选择【视图】|【标尺】|【更改为全局标尺】命令或【视图】|【标尺】|【更改为画板标尺】命令即可。默认情况下显示画板标尺，如图 1-67 所示。

图 1-67　全局标尺、画板标尺

2. 更改标尺原点

在每个标尺上显示 0 的位置称为标尺原点。要更改标尺原点，将鼠标指针移到标尺左上角，然后将鼠标指针拖到所需的新标尺原点处。当进行拖动时，窗口和标尺中的十字线会指示不断变化的全局标尺原点，如图 1-68 所示。要恢复默认标尺原点，双击左上角的标尺相交处即可。

图 1-68　更改标尺原点

3. 更改标尺单位

在标尺中只显示数值，不显示数值单位。如果要调整标尺单位，可以在标尺上任意位置单击鼠标右键，在弹出的快捷菜单中选择要使用的单位选项，标尺的数值会随之发生变化，如图 1-69 所示。

图 1-69　更改标尺单位

1.4.2　参考线

参考线可以帮助对齐文本和图形对象。可以创建垂直或水平的标尺参考线，也可以将矢量图形转换为参考线对象。

1. 创建参考线

要创建参考线，只需将光标放置在水平或垂直标尺上，按下鼠标，并从标尺上拖动出参考线到图像上，如图 1-70 所示。

要将矢量图形转换为参考线对象，可以在选中矢量对象后，选择【视图】|【参考线】|【建立参考线】命令，或按快捷键 Ctrl+5 键，将矢量对象转换为参考线，如图 1-71 所示。

图 1-70　创建参考线

图 1-71　建立参考线

2. 释放参考线

释放参考线就是将转换为参考线的路径恢复到原来的路径状态，或者将标尺参考线转化为路径，选择菜单栏中的【视图】|【参考线】|【释放参考线】命令即可。需要注意的是，在释放参考线前需确定参考线没有被锁定。释放标尺参考线后，参考线变成边线色为无色的路径，用户可以任意改变它的边线色。

3. 解锁参考线

在默认状态下，文件中的所有参考线都是被锁定的，锁定的参考线不能够被移动。选择【视图】|【参考线】|【锁定参考线】命令，取消命令前的✔，即可解除参考线的锁定。重新选择此命令可将参考线重新锁定。

1.4.3　智能参考线

智能参考线是创建或操作对象、画板时显示的临时对齐参考线，如图 1-72 所示。通过对齐和显示 X、Y 位置和偏移值，这些参考线可帮助用户参照其他对象或画板来对齐、编辑和变换对象或画板。选择【视图】|【智能参考线】命令，或按快捷键 Ctrl+U 键，即可启用智能参考

线功能。用户可以通过设置【智能参考线】首选项来指定显示的智能参考线和反馈的信息,如图 1-73 所示。在【对齐网格】或【像素预览】选项打开时,无法使用【智能参考线】选项。

图 1-72　智能参考线

图 1-73　【智能参考线】设置

1.4.4　网格

网格对于图像的放置和排版非常有用,在输出或印刷时是不可见的。在创建和编辑对象时,用户还可以通过选择【视图】|【显示网格】命令,或按 Ctrl+"组合键在文档中显示网格,如图 1-74 所示。如果要隐藏网格,选择【视图】|【隐藏网格】命令隐藏网格。网格的颜色和间距可通过【首选项】|【参考线和网格】命令进行设置。

图 1-74　显示网格

> **提示**
>
> 在显示网格后,选择菜单栏中的【视图】|【对齐网格】命令后,当在创建和编辑对象时,对象能够自动对齐网格,以实现操作的准确性。想要取消对齐网格的效果,只需再次选择【视图】|【对齐网格】命令即可。

【例 1-9】在 Illustrator 中,显示并设置网格。

(1) 选择【文件】|【打开】命令,在打开的【打开】对话框中选择一个图形文档,然后单击【打开】按钮将该文档在 Illustrator 中打开,如图 1-75 所示。

(2) 选择菜单栏中的【视图】|【显示网格】命令,或者按下 Ctrl+"组合键,即可在工作界面中显示网格,如图 1-76 所示。

(3) 选择菜单栏中的【编辑】|【首选项】|【参考线和网格】命令,在打开的【首选项】对话框的【参考线和网格】选项中,设置与调整网格参数。在【颜色】下拉列表中选择【自定】选项,打开【颜色】对话框。在【基本颜色】选项区中选择桃红色,如图 1-77 所示,单击【确定】按钮关闭【颜色】对话框,将网格颜色更改为桃红色。

图 1-75 打开图形文档

图 1-76 显示网格　　　　　　图 1-77 设置网格颜色

知识点

在对话框的【样式】下拉列表：可以通过该下拉列表将网格线设置为直线或点线。

(4) 在【首选项】对话框中的【网格线间隔】文本框用于设置网格线之间的间隔距离。【次分隔线】文本框用于设置网格线内再分割网格的数量。设置【网格线间隔】数值为 10cm，【次分隔线】数值为 5，然后单击【确定】按钮即可将所设置的参数应用到文件中，如图 1-78 所示。

图 1-78 设置网格

知识点

【网格置后】复选框用于设置网络线是否显示于页面的最底层，默认状态为选中。

1.5 色彩基础知识

颜色模式是使用数字描述颜色的方式。使用颜色工具之前，首先需要了解颜色的基本知识。

1.5.1 颜色模式

无论屏幕颜色还是印刷颜色，都是模拟自然界的颜色，差别在于模拟的方式不同。模拟色的颜色范围远小于自然界的颜色范围。但是，同样作为模拟色，由于表现颜色的方式不同，印刷颜色的颜色范围又小于屏幕颜色的颜色范围，所以屏幕颜色与印刷颜色并不匹配。

在 Illustrator CC 中使用了 5 种颜色模式，即 RGB 模式、CMYK 模式、HSB 模式、灰度模式和 Web 安全 RGB 模式。

- RGB 模式是利用红、绿、蓝 3 种基本颜色来表示色彩的。通过调整 3 种颜色的比例可以获得不同的颜色。由于每种基本颜色都有 256 种不同的亮度值，因此，RGB 颜色模式约有 $256 \times 256 \times 256$ 的 1670 余万种不同颜色。当用户绘制的图形只用于屏幕显示时，可采用此种颜色模式。

- CMYK 模式即常说的四色印刷模式，CMYK 分别代表青、品红、黄、黑 4 种颜色。CMYK 颜色模式的取值范围是用百分数来表示的，百分数比较低的油墨接近白色，百分数比较高的油墨接近黑色。

- HSB 模式是利用色彩的色相、饱和度和亮度来表现色彩的。H 代表色相，指物体固有的颜色。S 代表饱和度，指的是色彩的饱和度，它的取值范围为 0%(灰色)～100%(纯色)。B 代表亮度，指色彩的明暗程度，它的取值范围是 0%(黑色)～100%(白色)。

- 灰度模式具有从黑色到白色的 256 种灰度色域的单色图像，只存在颜色的灰度，没有色彩信息。其中，0 级为黑色，255 级为白色。每个灰度级都可以使用 0%(白)～100%(黑)的百分比来测量。灰度模式可以与 HSB 模式、RGB 模式、CMYK 模式互相转换。但是，将色彩转换为灰度模式后，再要将其转换回彩色模式，将不能恢复原有图像的色彩信息，画面将转为单色。

- Web 安全 RGB 模式是网页浏览器所支持的 216 种颜色，与显示平台无关。当所绘图像只用于网页浏览时，可以使用该颜色模式。

1.5.2 选取颜色

Illustrator CC 中的拾色器、【颜色】面板和【色板】面板用来进行颜色的定义、命令、编辑和管理等操作。

1. 拾色器

在 Illustrator 中，双击工具箱下方的【填色】或【描边】图标都可以打开【拾色器】对话框。在【拾色器】对话框中可以基于 HSB、RGB、CMYK 等颜色模型指定颜色，如图 1-79 所示。

在【拾色器】对话框中左侧的主颜色框中单击可选取颜色，该颜色会显示在右侧上方的颜色方框内，同时右侧文本框的数值会随之改变。用户也可以在右侧的颜色文本框中输入数值，或拖动主颜色框右侧颜色滑竿的滑块来改变主颜色框中的主色调。

单击【拾色器】对话框中的【颜色色板】按钮，可以显示颜色色板选项，如图 1-80 所示。在其中可以直接单击选择色板设置填充或描边颜色。单击【颜色模型】按钮可以返回选择颜色状态。

图 1-79　【拾色器】对话框

图 1-80　显示颜色色板

计算机 基础与实训教材系列

2. 【颜色】面板

【颜色】面板是 Illustrator 中重要的常用面板，使用【颜色】面板可以将颜色应用于对象的填色和描边，也可以编辑和混合颜色。【颜色】面板还可以使用不同颜色模式显示颜色值。选择菜单栏【窗口】|【颜色】命令，即可打开如图 1-81 所示的【颜色】面板。在【颜色】面板的右上角单击面板菜单按钮，可以打开如图 1-82 所示的【颜色】面板菜单。

图 1-81　【颜色】面板

图 1-82　面板菜单

填充色块和描边框的颜色用于显示当前填充色和边线色。单击填充色块或描边框，可以切换当前编辑颜色。拖动颜色滑块或在颜色数值框内输入数值，填充色或描边色会随之发生变化，如 1-83 所示。

当将鼠标移至色谱条上时，光标变为吸管形状，这时按住鼠标并在色谱条上移动，滑块和数值框内的数字会随之变化，如图 1-84 所示，同时填充色或描边色也会不断发生变化。释放鼠标后，即可将当前的颜色设置为当前填充色或描边色。

图 1-83　拖动颜色滑块　　　　　　　　　　图 1-84　使用吸管

单击如图 1-85 所示的无色框，即可将当前填充色或描边色改为无色。若单击如图 1-86 所示光标处的颜色框，可将当前填充色或描边色恢复为最后一次设置的颜色。

图 1-85　设置无色　　　　　　　　　　图 1-86　使用最后一次设置的颜色

3. 【色板】面板

选择【窗口】|【色板】命令，打开如图 1-87 所示的【色板】面板。【色板】面板主要用于存储颜色，并且还能存储渐变色、图案等。存储在【色板】面板中的颜色、渐变色、图案均以正方形，即色板的形式显示。利用【色板】面板可以应用、创建、编辑和删除色板。在【色板】面板中，单击【显示列表视图】按钮 ☰ 和【显示缩览图视图】按钮 ▦ 可以直接更改色板显示状态，如图 1-88 所示。

图 1-87　【色板】面板　　　　　　　　图 1-88　更改色板显示状态

【色板】面板底部还包含几个功能按钮，其作用如下。

- 【"色板库"菜单】按钮：用于显示色板库扩展菜单。
- 【显示"色板类型"菜单】按钮：用于显示色板类型菜单。
- 【色板选项】按钮：用于显示色板选项对话框。
- 【新建颜色组】按钮：用于新建一个颜色组。
- 【新建色板】按钮：用于新建和复制色板。
- 【删除色板】按钮：用于删除当前选择的色板。

用户也可以通过选择面板菜单中的命令更改色板的显示状态，如图 1-89 所示。

在 Illustrator 中，用户还可以将自己定义的颜色、渐变或图案创建为色样，存储到【色板】面板中。

图 1-89　更改色板显示状态

【例 1-10】在 Illustrator 中，创建自定义色板。

(1) 在【色板】面板中，单击面板右上角的面板菜单按钮，在打开的下拉菜单中选择【新建色板】命令，打开【新建色板】对话框。在对话框中，新色样的默认颜色为【颜色】面板中的当前颜色，如图 1-90 所示。

(2) 在【新建色板】对话框中，设置【色板名称】为【粉果绿】，设置颜色为 C=35 M=0 Y=35 K=0，然后单击【确定】按钮，关闭对话框，将设置的色板添加到面板中，如图 1-91 所示。

图 1-90　【新建色板】对话框　　　　　图 1-91　添加色板

(3) 打开一幅图形文档，使用【选择】工具选中绘制的图形，如图 1-92 所示。

(4) 在【色板】面板中，单击【新建颜色组】按钮。在打开的【新建颜色组】对话框中，在【名称】文本框中输入"可爱色系"，在创建选项区中选择【选定的图稿】单选按钮，然后单击【确定】按钮，即可创建新颜色组，如图 1-93 所示。

图 1-92　选取图形　　　　　图 1-93　创建新颜色组

4. 从颜色库中选择颜色

在 Illustrator CC 中，还提供了几十种固定的色板库，每个色板库中均含有大量的颜色可供用户使用。

【例 1-11】在 Illustrator 中，使用色板库，并将色板库中的颜色添加至【色板】面板中。

(1) 选择【色板】面板扩展菜单中的【打开色板库】命令，在显示的子菜单中包含了系统提供的所有色板库，用户可以根据需要选择合适的色板库，打开相应的色板库，如图 1-94 所示。

图 1-94　打开色板库

(2) 在打开的下方有一个 按钮，表示其中的色样为只读状态。单击选中色板，选择面板扩展菜单中的【添加到色板】命令，或者直接将其拖动到【色板】面板中，即可将色板库中的色板添加到【色板】面板中，如图 1-95 所示。

图 1-95　添加色板

(3) 双击【色板】面板中的刚添加的色板，即可打开【色板选项】对话框。在对话框中设置【色板名称】为"深粉绿"，并调整色值，单击【确定】按钮即可应用对色板的修改，如图 1-96 所示。

图 1-96　修改色板

1.6　上机练习

本章的上机练习通过自定义、存储工作区，使用户更好地掌握 Illustrator 工作区的基本操作方法和技巧。

(1) 在 Illustrator 中，选择【文件】|【打开】命令，打开一幅图形文档，如图 1-97 所示。

(2) 选择【窗口】|【工作区】|【版面】命令变换工作区配置，如图 1-98 所示。

图 1-97　打开文档　　　　　　　　　　　图 1-98　选择工作区

(3) 单击折叠面板右上角的【扩展面板】按钮，显示折叠面板内容，如图 1-99 所示。

(4) 将鼠标放置在折叠面板组上，按住鼠标并拖动至工具箱右侧，当出现蓝色突出显示的放置区域时释放鼠标，如图 1-100 所示。

图 1-99　显示折叠面板　　　　　　　　　图 1-100　组合面板

(5) 使用步骤(4)的操作方法调整面板组，然后单击【颜色参考】面板右上角的【折叠为图标】按钮，如图 1-101 所示。

(6) 选择【窗口】|【工作区】|【新建工作区】命令，打开【新建工作区】对话框。在对话框中的【名称】文本框中输入"自定义版面"，然后单击【确定】按钮新建工作区，如图 1-102 所示。

图 1-101　折叠面板　　　　　　　　　　　图 1-102　新建工作区

(7) 单击【画板】工具，在控制面板中单击【移动/复制带画板的图稿】按钮，并移动画板时按住 Alt 键复制画板，如图 1-103 所示。

图 1-103　复制画板

(8) 按 Esc 键退出画板编辑状态，选择【文件】|【存储为】命令，打开【存储为】对话框。在对话框中选择文件存储位置，在【文件名】文本框中输入新名称，在【保存类型】下拉列表中选择 Illustrator EPS(*.EPS)格式，然后单击【保存】按钮。

(9) 在打开的【EPS 选项】对话框的【版本】下拉列表中选择 Illustrator CC EPS，然后单击【确定】按钮，如图 1-104 所示。

图 1-104　保存文件

1.7　习题

1. 在 Illustrator CC 中，根据个人需要自定义工作区。
2. 在 Illustrator CC 中，根据个人需要自定义首选项参数。

第**2**章

图形的创建

学习目标

　　绘制图形是 Illustrator 重要的功能之一。Illustrator 为用户提供了多种功能的图形绘制工具，通过使用这些工具能够方便地绘制出直线线段、弧形线段、矩形、椭圆形等各种规则或不规则的矢量图形。熟练掌握这些工具的应用方法后，对后面章节中的图形绘制及编辑操作有很大的帮助。

本章重点

- ◉ 基本图形的绘制
- ◉ 基本绘制工具的使用
- ◉ 实时描摹
- ◉ 符号的应用

②.1　关于路径

　　Illustrator 中所有的矢量图都是由路径构成的。绘制矢量图就是创建和编辑路径的过程，因此，了解路径的概念以及熟练掌握路径的绘制和编辑的技巧对快速、准确地绘制矢量图至关重要。

②.1.1　路径的基本概念

　　在图形软件中，绘制图形是最基本的操作。Illustrator 提供了多种绘图方式，有绘制自由图形的工具，如【钢笔】工具、【画笔】工具和【铅笔】工具等；还有绘制基本图形的工具，如【矩形】工具、【椭圆】工具和【星形】工具等。

　　在绘制图形时，用户一定会碰到"路径"这个概念，路径是使用绘图工具创建的任意形状的曲线，使用它可勾勒出物体的轮廓，所以也称之为轮廓线。为了满足绘图的需要，路径又分为开放路径和封闭路径。开放路径就是路径的起点与终点不重合，封闭路径是一条连续的、起点和终点重合的路径，如图 2-1 所示。路径是由锚点、线段、控制柄和控制点组成的，如图 2-2 所示。

图 2-1　开放路径和封闭路径　　　　　　　　　图 2-2　路径的组成

一条路径由若干条线段组成，其中可能包含直线和各种曲线段，如图 2-3 所示。为了更好地绘制和修改路径，每条线段的两端均有锚点将其固定。通过移动锚点可以修改线段的位置和改变路径的形状。

锚点是组成路径的基本元素，锚点和锚点之间以线段连接，该线段被称为路径片段。在使用【钢笔】工具绘制路径的过程中，每单击鼠标一次，就会创建一个锚点。用户可以根据需要对不同部分进行编辑来改变路径的形状。

- ⊙　锚点：是指各线段两端的方块控制点，它可以决定路径的改变方向。锚点可分为【角点】和【平滑点】两种，如图 2-4 所示。
- ⊙　线段：是指两个锚点之间的路径部分，所有的路径都以锚点起始和结束。线段分为直线段和曲线段两种。
- ⊙　控制柄：在绘制曲线路径的过程中，锚点的两端会出现带有锚点控制点的直线，也就是控制柄。使用【直接选取】工具在已绘制好的曲线路径上单击选取锚点，则锚点的两端会出现控制柄，通过移动控制柄上的控制点可以调整曲线的弯曲程度。

图 2-3　路径　　　　　　　　　　　　　图 2-4　锚点

②.1.2　路径的填充及边线的设定

在 Illustrator 中，闭合路径和开放路径都可被填充各种颜色，在绘制路径前，首先要了解填充色和边线色的设定方法。

使用 Illustrator CC 工具箱中的颜色控制组件可以对选中的对象进行描边和填充的设置，也可以设置即将创建的对象的描边和填充属性，如图 2-5 所示。所有绘制的路径都可以用各种颜色、图案或渐变的方式填充，如图 2-6 所示。

图 2-5　颜色控制区　　　　　　　　　　　图 2-6　填充路径

控件组中左上角的方框代表填充色，右下角的双线框代表边线色。单击左下角【默认填色和描边】图标就可恢复软件默认的填充色和边线色。软件默认的填充色为白色，边线色为黑色。

填充色和边线色的下方有 3 个按钮，分别代表颜色、渐变色和无色。单击【颜色】按钮可以填充印刷色、专色和 RGB 色等。颜色可以通过【颜色】面板进行设定，也可以直接在【色板】面板中选取。

单击【渐变】按钮，可以填充两色或更多色的渐变。还可以在【渐变】面板中设置渐变色。设置好的渐变色还可以用鼠标拖动到【色板】面板中存放，以方便选取。

单击【无色】按钮可以将路径填充设置为透明色。在图形的绘制过程中，为了不受填充色的干扰，可将填充色设置为无色。

2.2　基本图形的绘制

在 Illustrator 的工具箱中提供了两组绘制基本图形的工具。第一组包括【直线段】工具、【弧形】工具、【螺旋线】工具、【矩形网格】工具和【极坐标网格】工具；第二组包括【矩形】工具、【圆角矩形】工具、【椭圆】工具、【多边形】工具、【星形】工具和【光晕】工具。它们用来绘制各种规则图形，绘制好的图形可以进行移位、旋转以及缩放处理等。

2.2.1　【直线段】工具

使用【直线段】工具 可以直接绘制各种方向的直线。【直线段】工具的使用非常简单，选择工具箱中的【直线段】工具，在画板上单击并按照所需的方向拖动鼠标即可形成所需的直线，如图 2-7 所示。

用户也可以通过【直线段工具选项】对话框来创建直线。选择【直线段】工具，在希望线段开始的位置单击，打开【直线段工具选项】对话框，如图 2-8 所示。在对话框中，【长度】选项用于设定直线的长度，【角度】选项用于设定直线和水平轴的夹角。当选中【线段填色】

复选框时，将会以当前填充色对生成的线段进行填色。

图 2-7　绘制直线

图 2-8　【直线段工具选项】对话框

提示

在拖动鼠标绘制直线的过程中，按住键盘上的空格键，就可以随鼠标拖动移动直线的位置。

2.2.2　【弧形】工具

【弧形】工具可以用来绘制各种曲率和长短的弧线。用户可以直接选择该工具后在画板上拖动，或通过【弧线段工具选项】对话框来创建弧线，如图 2-9 所示。

选择【弧形】工具后在画板上单击，打开【弧线段工具选项】对话框，如图 2-10 所示。在对话框中可以设置弧线段的长度、类型、基线轴以及斜率的大小。其中【X 轴长度】和【Y 轴长度】是指形成弧线基于两个不同坐标轴的长度；【类型】是指弧线的类型，包括开放弧线和闭合弧线；【基线轴】可以用来设定弧线是以 X 轴还是以 Y 轴为中心；【斜率】实际上就是曲率的设定，它包括两种表现手法，即【凹】和【凸】的曲线。当【弧线填色】复选框呈选中状态时，将会以当前填充色对生成的线段进行填色。

图 2-9　绘制弧线

图 2-10　【弧形段工具选项】对话框

【弧形】工具在使用过程中按住鼠标左键拖动的同时可翻转弧形；按住鼠标左键拖动的过程中按住 Shift 键可以得到 X 轴、Y 轴长度相等的弧线；按住键盘上的 C 键可以改变弧线的类型，也就是在开放路径和闭合路径之间切换；按住键盘上的 F 键可以改变弧线的方向。按住键盘上的 X 键可令弧线在凹、凸曲线之间切换；在按住鼠标左键拖动的过程中按住键盘上的空格键，就可随鼠标拖动移动弧线的位置；在按住鼠标左键拖动的过程中，按键盘上的↑键可增大弧线的曲率半径，按键盘上的↓键可减小弧线的曲率半径。

②2.3　【螺旋线】工具

　　【螺旋线】工具可用来绘制各种螺旋形状。可以直接选择该工具后在画板上拖动，也可以通过【螺旋线】对话框来创建螺旋线，如图 2-11 所示。选择【螺旋线】工具后在画板中单击鼠标，打开【螺旋线】对话框，如图 2-12 所示。在对话框中，【半径】用于设定从中央到外侧最后一个点的距离；【衰减】用来控制涡形之间相差的比例，百分比越小，涡形之间的差距越小；【段数】可用来调节螺旋内路径片段的数量；在【样式】选项组中可选择顺时针或逆时针涡形。

图 2-11　绘制螺旋线　　　　　图 2-12　【螺旋线】对话框

　　提示

　　【螺旋线】工具在使用过程中按住鼠标左键拖动的同时可旋转涡形；在按住鼠标左键拖动的过程中按住 Shift 键，可控制旋转的角度为 45°的倍数；在按住鼠标左键拖动的过程中按住 Ctrl 键可保持涡形线的衰减比例；在按住鼠标左键拖动的过程中按住键盘上的 R 键，可改变涡形线的旋转方向；在按住鼠标左键拖动的过程中按住键盘上的空格键，可随鼠标拖动移动涡形线的位置；在按住鼠标左键拖动的过程中，按住键盘上的↑键可增加涡形线的路径片段的数量，每按一次，增加一个路径片段；反之，按键盘上的↓键可减少路径片段的数量。

②2.4　【矩形网格】工具

　　【矩形网格】工具用于制作矩形内部的网格。用户可以直接选择该工具后在画板上拖动，也可以通过【矩形网格工具选项】对话框来创建矩形网格，如图 2-13 所示。选择【矩形网格】工具后在画板中单击鼠标，打开【矩形网格工具选项】对话框，如图 2-14 所示。

W: 20.58 mm
H: 15.05 mm

图 2-13　绘制矩形网格

图 2-14　【矩形网格工具选项】对话框

其中，【宽度】和【高度】用来指定矩形网格的宽度和高度，通过 可以用鼠标选择基准点的位置。【数量】是指矩形网格内横线(竖线)的数量，也就是行(列)的数量，【倾斜】表示行(列)的位置。当数值为 0%时，线和线之间的距离均等。当数值大于 0%时，就会变成向上(右)的行(列)间距逐渐变窄的网格。当数值小于 0%时，就会变成向下(左)的行(列)间距逐渐变窄。【使用外部矩形作为框架】复选框呈选中状态，得到的矩形网格外框为矩形，否则，得到的矩形网格外框为不连续的线段。【填色网格】复选框呈选中状态，将会以当前填色对生成的线段进行填色。

 提示

在拖动过程中按住键盘上的 C 键，竖向的网格间距逐渐向右变窄；按住 V 键，横向的网格间距就会逐渐向上变窄；在拖动的过程中按住键盘上的↑和→键，可以增加竖向和横向的网格线；按↓和←键可以减少竖向和横向的网格线，在拖动的过程中按住键盘上的 X 键，竖向的网格间距逐渐向左变窄；按住 F 键，横向的网格间距就会逐渐向下变窄。

2.2.5　【极坐标网格】工具

【极坐标网格】工具可以绘制同心圆，或照指定的参数绘制确定的放射线段。使用【极坐标网格】工具可以绘制标靶、雷达图形等。和矩形网格的绘制方法类似，可以直接选择该工具后在画板上拖动，也可以通过【极坐标网格工具选项】对话框来创建极坐标图形，如图 2-15 所示。选择【极坐标网格】工具后在画板中单击鼠标，打开【极坐标网格工具选项】对话框，如图 2-16 所示。

其中，【宽度】和【高度】是指极坐标网格的水平直径和垂直直径，通过 可以用鼠标选择基准点的位置。【同心圆分隔线】选项组中的【数量】是指极坐标网格内圆的数量，【倾斜】

表示圆形之间的径向距离。当数值为 0% 时，线和线之间的距离均等。当数值大于 0% 时，就会变成向外的间距逐渐变窄的网格。当数值小于 0% 时，就会变成向内的间距逐渐变窄的网格。【径向分隔线】选项组中的【数量】是指极坐标网格内放射线的数量，【倾斜】表示放射线的分布。当数值为 0% 时，线和线之间是均等分布的。当数值大于 0% 时，就会变成顺时针方向之间变窄的网格。当数值小于 0% 时，就会变成逆时针方向逐渐变窄的网格。选中【从椭圆形创建复合路径】复选框，可以将同心圆转换为独立复合路径并每隔一个圆填色。选中【填色网格】复选框，将会以当前填色对生成的线段进行填色。

图 2-15　绘制极坐标

图 2-16　【极坐标网格工具选项】对话框

💿 **提示**

在拖动过程中按住键盘上的 C 键，圆形之间的间隔向外逐渐变窄；在拖动的过程中按住键盘上的 X 键，圆形之间的间隔向内逐渐变窄；按住 F 键，放射线的间隔就会按逆时针方向逐渐变窄；在绘制极坐标的过程中，按键盘上的↑键可增加圆的数量，每按一次，增加一个圆；按键盘上的↓键可减少圆的数量；按键盘上的→键可增加放射线的数量，每按一次，增加一条放射线；按键盘上的←键可减少放射线的数量。

②.2.6　【矩形】工具

矩形是几何图形中最基本的图形。要绘制矩形可以选择工具箱中的【矩形】工具，把鼠标指针移动到绘制图形的位置，单击鼠标设定起始点，以对角线方式向外拉动，直到得到理想的大小为止，然后再释放鼠标即可创建矩形，如图 2-17 所示。如果按住 Alt 键时按住鼠标左键拖动绘制图形，鼠标的单击点即为矩形的中心点。如果单击画板的同时按住 Alt 键，但不移动，可以打开【矩形】对话框。在对话框中输入长、宽值后，将以单击面板处为中心向外绘制矩形。

如果想准确地绘制矩形，可选择【矩形】工具，然后在画板中单击鼠标，打开【矩形】对话框，在其中可以设置需要的【宽度】和【高度】即可创建矩形，如图 2-18 所示。

图 2-17　绘制矩形

图 2-18　【矩形】对话框

计算机基础与实训教材系列

在使用【矩形】对话框绘制正方形时，只要输入相等的高度值和宽度值，便可得到正方形，或者在按住 Shift 键的同时绘制图形，即可得到正方形。另外，如果以中心点为起始点绘制一个正方形，则需要同时按住 Alt+Shift 组合键，直到绘制完成后再释放鼠标。

矩形绘制完成同时会打开【变换】面板，用户可以通过面板中的【矩形属性】重新设置矩形效果，并可以为矩形设置圆角，如图 2-19 所示。

图 2-19　设置矩形属性

矩形绘制完成后，还可以将鼠标光标移至圆角半径控制点，当光标变为　形状时，按住鼠标拖动，即可设置圆角效果，如图 2-20 所示。

图 2-20　调整矩形边角

② 2.2.7　【圆角矩形】工具

选择【圆角矩形】工具之后，在画板上单击鼠标，在打开的【圆角矩形】对话框中多了一个【圆角半径】的选项，输入的半径数值越大，得到的圆角矩形的圆角弧度越大；半径数值越小，得到的圆角矩形的圆角弧度越小，如图 2-21 所示。当输入的数值为 0 时，得到的是矩形。

图 2-21 绘制圆角矩形

②2.8 【椭圆】工具

椭圆形和圆角矩形的绘制方法与矩形的绘制方法基本上是相同的。使用【椭圆】工具 ◯可以在文档中绘制椭圆形或者圆形。用户可以使用【椭圆】工具通过拖动鼠标的方法绘制椭圆形，也可以通过【椭圆】对话框来精确地绘制椭圆形，如图 2-22 所示。对话框中【宽度】和【高度】的数值指的是椭圆形的两个不同直径的值。

图 2-22 绘制椭圆形

②2.9 【多边形】工具

【多边形】工具用于绘制多边形。在工具箱中选择【多边形】工具，在画板中单击，即可通过【多边形】对话框创建多边形，如图 2-23 所示。

图 2-23 绘制多边形

在【多边形】对话框中，可以设置【边数】和【半径】，半径是指多边形的中心点到角点的距离，同时鼠标的单击位置成为多边形的中心点。多边形的边数最少为 3，最多为 1000；半径数值的设定范围为 0～2889.7791mm。

 提示

在按住鼠标拖动绘制的过程中，按键盘上的↑键可增加多边形的边数；按↓键可以减少多边形的边数。系统默认的边数为 6。绘制时，按住键盘上～键可以绘制出多个多边形，如图 2-24 所示。

图 2-24　绘制多个多边形

2.2.10　【星形】工具

使用【星形】工具可以在文档页面中绘制不同形状的星形图形。在工具箱中选择【星形】工具，在画板上单击，打开如图 2-25 所示的【星形】对话框。在这个对话框中可以设置星形的【角点数】和【半径】。此处有两个半径值，【半径 1】代表凹处控制点的半径值，【半径 2】代表顶端控制点的半径值。

图 2-25　绘制星形

 提示

当使用拖动光标的方法绘制星形图形时，如果同时按住 Ctrl 键，可以在保持星形的内切圆半径不变的情况下，改变星形图形的外切圆半径大小；如果同时按住 Alt 键，可以在保持星形的内切圆和外切圆的半径数值不变的情况下，通过按↑或↓键调整星形的尖角数。

-48-

2.11 【光晕】工具

使用【光晕】工具可以在文档中绘制出具有光晕效果的图形，如图 2-26 所示。该图形具有明亮的居中点、晕轮、射线和光圈，如果在其他图形对象上应用该图形，将获得类似镜头眩光的特殊效果。

图 2-26　绘制光晕

2.3　基本绘图工具的使用

绘制图形是 Illustrator 重要的功能之一。除了使用 Illustrator 为用户提供的多种图形绘制工具能够方便地绘制出直线线段、弧形线段、矩形、椭圆形等各种规则矢量图形外，还可以使用【钢笔】、【铅笔】、【平滑】、【添加锚点】、【删除锚点】或【转换锚点】等工具创建不规则的矢量图形。熟练掌握这些工具的应用方法后，对后面章节中的图形绘制及编辑操作有很大的帮助。

2.3.1　【钢笔】工具

【钢笔】工具是 Illustrator 中最基本也是最重要的工具，它可以绘制直线和平滑的曲线，而且可以对线段进行精确控制。使用【钢笔】工具绘制路径时，控制面板中包含多个用于锚点编辑的工具，如图 2-27 所示。

图 2-27　锚点工具

- 【将所有锚点转换为尖角】按钮：选中平滑锚点，单击该按钮即可转换为尖角点。
- 【将所选锚点转换为平滑】按钮：选中尖角锚点，单击该按钮即可转换为平滑点。

- ● 【显示多个选定锚点的手柄】按钮 ：当该按钮处于选中状态时，被选中的多个锚点的手柄都将处于显示状态。
- ● 【隐藏多个选定锚点的手柄】按钮 ：当该按钮处于选中状态时，被选中的多个锚点的手柄都将处于隐藏状态。
- ● 【删除所选锚点】按钮 ：单击该按钮即可删除选中的锚点。
- ● 【连接所选终点】按钮 ：在开放路径中，选中不连接的两个端点，单击该按钮即可在两点之间建立路径进行连接。
- ● 【在所选锚点处剪切路径】按钮 ：选中锚点，单击该按钮即可将所选的锚点分割为两个锚点之间相连。

【例 2-1】在 Illustrator 中，使用【钢笔】工具绘制图形。

(1) 选择工具箱中的【钢笔】工具，在文档中按下鼠标左键并拖动鼠标，确定起始节点。此时节点两边将出现两个控制点，如图 2-28 所示。

(2) 移动光标，在需要添加锚点处单击左键并拖动鼠标可以创建第二个锚点，控制线段的弯曲度，如图 2-29 所示。

(3) 将光标移至起始锚点的位置，当光标显示为 时，单击鼠标左键封闭图形，如图 2-30 所示。

计算机
基础与实训教材系列

图 2-28　起始点　　　　　　图 2-29　拖动曲线　　　　　　图 2-30　封闭图形

②.3.2　【铅笔】工具

使用【铅笔】工具可以绘制和编辑任意形状的路径，它是绘图时经常用到的一种既方便又快捷的工具，如图 2-31 所示。在使用【铅笔】工具绘制路径时，锚点的数量是由路径的长度和复杂性以及【铅笔工具选项】对话框中的设置来决定的。双击工具箱中的【铅笔】工具，打开【铅笔工具选项】对话框，如图 2-32 所示。在此对话框中设置的数值可以控制铅笔工具所画曲线的精确度与平滑度。

在此对话框中设置的数值可以控制【铅笔】工具所画曲线的精确度与平滑度。【保真度】选项区中，向右拖动滑块，所画曲线上的锚点越少；向左拖动滑块，所画曲线上的锚点越多。如果【保持选定】复选框处于选中状态，使用铅笔画完曲线后，曲线自动处于被选中状态；若此复选框未被选中，使用【铅笔】工具画完曲线后，曲线不再处于选中状态。选中【编辑所选路径】复选框，可以在曲线完成绘制后，接着再对自动创建的路径曲线进行绘制。其下方的【范围】文本框用于设置可以继续绘制操作的像素距离范围。只要在该像素值范围内进行绘制，可以连接原创建路径进行绘制。

图 2-31　使用【铅笔】工具

图 2-32　【铅笔工具选项】对话框

2.3.3　【平滑】工具

【平滑】工具是一种路径修饰工具，可以使路径快速平滑，同时尽可能地保持路径的原有形状。双击工具箱中的【平滑】工具，打开如图 2-33 所示的【平滑工具选项】对话框。在对话框中，可以设置【平滑】工具的平滑度。向右拖动滑块，对路径的改变就越大；向左拖动滑块，对路径的改变就越小。

图 2-33　【平滑工具选项】对话框

提示

【平滑工具选项】对话框中，单击【重置】按钮可以将【保真度】和【平滑度】的数值恢复到默认数值。

【例 2-2】在 Illustrator 中，平滑处理路径。

(1) 选择菜单栏中的【文件】|【打开】命令，在【打开】对话框中选择图形文档，然后单击【打开】按钮打开图形文档，如图 2-34 所示。

(2) 在打开的图形文档中，使用【选择】工具选中要做平滑处理的路径，如图 2-35 所示。

(3) 双击工具箱中的【平滑】工具，系统将打开如图 2-36 所示的【平滑工具选项】对话框。在该对话框中，向右拖动滑块，然后单击【确定】按钮可以调整【平滑】工具的操作效果。

(4) 在路径对象中需要平滑处理的位置外侧按下鼠标左键并由外向内拖动，然后释放左键，即可对路径对象进行平滑处理，如图 2-37 所示。

图 2-34　打开文档

图 2-35　选中路径

图 2-36　设置【平滑】工具

图 2-37　平滑路径

②.3.4　【路径橡皮擦】工具

使用【路径橡皮擦】工具可以擦除开放路径或闭合路径的任意一部分，但不能在文本或渐变网格上使用。在工具箱中选择【路径橡皮擦】工具，然后沿着要擦除的路径拖动【路径橡皮擦】工具。擦除后自动在路径的末端生成一个新的锚点，并且路径处于被选中的状态，如图 2-38 所示。

图 2-38　使用【路径橡皮擦】工具

2.3.5 【添加锚点】工具

添加锚点可以增加对路径的控制，也可以扩展开放路径。但不要添加过多锚点，较少锚点的路径更易于编辑、显示和打印。

用【添加锚点】工具在路径上的任意位置单击，即可增加一个锚点，如图 2-39 所示。如果是直线路径，增加的锚点就是直线点；如果是曲线路径，增加的锚点就是曲线点。增加额外的锚点可以更好地控制曲线。

图 2-39 添加锚点

如果要在路径上均匀地添加锚点，可以选择菜单栏中的【对象】|【路径】|【添加锚点】命令，原有的两个锚点之间就增加了一个锚点，如图 2-40 所示。

图 2-40 应用【添加锚点】命令

2.3.6 【删除锚点】工具

在绘制曲线时，曲线上可能包含多余的锚点，这时删除一些多余的锚点可以降低路径的复杂程度，在最后输出的时候也会减少输出的时间。

使用【删除锚点】工具在路径锚点上单击就可将锚点删除，如图 2-41 所示。也可以直接单击控制面板中的【删除所选锚点】按钮，或选择【对象】|【路径】|【移去锚点】命令来删除所选锚点。图形会自动调整形状，删除锚点不会影响路径的开放或封闭属性。

在绘制图形对象过程中，无意间单击【钢笔】工具后又选取另外的工具，会产生孤立的游离锚点。游离的锚点会让线稿变得复杂，甚至减慢打印速度。要删除这些游离点，可以选择【选

择】|【对象】|【游离点】命令，选中所有游离点。再选择【对象】|【路径】|【清理】命令，打开如图 2-42 所示的【清理】对话框，选中【游离点】复选框，单击【确定】按钮将删除所有的游离点。选择游离点后，用户也可以直接按键盘上的 Delete 键删除游离点。

图 2-41　删除锚点

图 2-42　【清理】对话框

②.3.7　【转换锚点】工具

使用【转换锚点】工具在曲线锚点上单击，可将曲线变成直线点，然后按住鼠标左键并拖动，就可将直线点拉出方向线，也就是将其转化为曲线点。锚点改变之后，曲线的形状也相应地发生变化。

【例 2-3】在 Illustrator 中，使用【转换锚点】工具 ↖ 改变锚点属性。

(1) 在 Illustrator 中，选择【文件】|【新建】命令，新建一个空白文档。选择工具箱中的【椭圆】工具在画板中绘制如图 2-43 所示的图形。

(2) 在工具箱中设置描边效果为无，单击【渐变】填充按钮，然后在【渐变】面板中调整渐变效果，如图 2-44 所示。

图 2-43　绘制图形

图 2-44　填充渐变

(3) 双击工具箱中的【比例缩放】工具，打开【比例缩放】对话框。在对话框中设置【等比】数值为 85%，然后单击【复制】按钮。并在【渐变】面板中调整图形渐变效果，如图 2-45 所示。

图 2-45 复制图形

(4) 选择【文字】工具，在控制面板中设置字体颜色、字体样式、字体大小，然后在画板中单击输入文字内容，如图 2-46 所示。

(5) 使用【选择】工具选中文字内容，按 Ctrl+C 组合键复制，再按 Ctrl+B 组合键将复制的文字内容置于下层，并在控制面板中设置字体颜色为黑色，然后按键盘上的方向键微调文字位置，如图 2-47 所示。

图 2-46 输入文字
图 2-47 复制文字

(6) 选择【星形】工具，在画板中单击，打开【星形】对话框。在对话框中，设置【半径1】的数值为 25mm，【半径2】的数值为 10mm，【角点数】为 6，然后单击【确定】按钮。然后在【色板】面板中单击 C=0 M=80 Y=95 K=0 色板设置填充色，如图 2-48 所示。

(7) 选择【转换锚点】工具，接着在路径线段中需要操作的角点上，按下鼠标左键并拖动，然后调整线段弧度至合适的位置后释放鼠标左键即可，如图 2-49 所示。

计算机基础与实训教材系列

图 2-48 绘制图形
图 2-49 调整锚点

(8) 选择【椭圆】工具，并按住 Alt+Shift 组合键拖动绘制圆形，然后在【色板】面板中单击颜色色板，如图 2-50 所示。

(9) 使用【选择】工具，按 Shift 键选中步骤(6)至步骤(8)中绘制的图形，按 Ctrl+Alt 组合键移动并复制图形，再调整图形大小，并调整图形颜色，如图 2-51 所示。

图 2-50　绘制图形

图 2-51　调整图形

知识点

在使用【钢笔】工具绘图的时候，无须切换到【转换锚点】工具来改变锚点的属性，只要按住 Alt 键，即可将【钢笔】工具直接切换到【转换锚点】工具。

②.3.8　【橡皮擦】工具

用户通过使用【橡皮擦】工具可擦除图稿的任何区域，被抹去的边缘将自动闭合，并保持平滑过渡，双击工具箱中的【橡皮擦】工具，可以打开【橡皮擦工具选项】对话框，在对话框中设置【橡皮擦】工具的角度、圆度和直径，如图 2-52 所示。

图 2-52　【橡皮擦工具选项】对话框

②.3.9　【剪刀】工具

使用【剪刀】工具可以针对路径、图形框架或空白文本框架进行操作。【剪刀】工具将一条路径切割为两条或多条路径，并且每个部分都具有独立的填充和描边属性。选中将要进行剪切的路径，在要进行剪切的位置上单击，即可将一条路径拆分为两条路径，如图 2-53 所示。

图 2-53　使用【剪刀】工具

2.3.10　【刻刀】工具

使用【刻刀】工具可以将一个对象以任意的分隔线划分为各个构成部分的表面。

【例 2-4】在 Illustrator 中，使用【刻刀】工具调整图像效果。

(1) 选择【文件】|【打开】命令，打开【打开】对话框。在对话框中，选择要打开的图形文档，单击【打开】按钮，如图 2-54 所示。

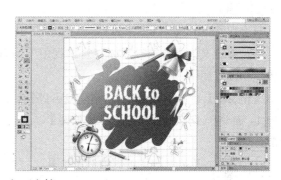

图 2-54　打开文档

(2) 选择【刻刀】工具在打开的图形文档中单击并拖动，如图 2-55 所示。

图 2-55　使用【刻刀】工具

计算机 基础与实训教材系列

(3) 使用【刻刀】工具的同时按 Shift 键或 Alt 键可以以水平直线、垂直直线或斜 45°的直线分割对象,如图 2-56 所示。

图 2-56 使用【刻刀】工具

②.4 复合路径、复合形状和路径查找器

Illustrator CC 中具有形状复合功能,可以轻松地创建用户需要的复杂路径。

②.4.1 复合路径

复合路径的作用主要是把一个以上的路径图形组合在一起,在路径重叠部分会产生镂空效果。将对象定义为复合路径后,复合路径中的所有对象都将使用堆叠顺序中最下层对象上的填充颜色和样式属性。

【例 2-5】在 Illustrator 中,创建复合路径。

(1) 新建一个空白画板,选择【椭圆】工具,按住 Shift 键拖动绘制一个正圆形,如图 2-57 所示。

(2) 双击工具箱中的【比例缩放】工具,打开【比例缩放】对话框。在对话框中,设置【等比】数值为 70%,然后单击【复制】按钮,生成一个新的同心圆形,如图 2-58 所示。

图 2-57 绘制圆形   图 2-58 复制圆形

(3) 重复步骤(2)的操作两次，缩小并复制圆形，如图 2-59 所示。

(4) 选择【选择】工具将所有的圆形选中，然后选择【对象】|【复合路径】|【建立】命令，生成复合路径，如图 2-60 所示。

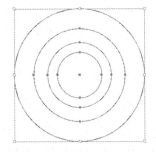

图 2-59　复制图形　　　　　　　　图 2-60　建立复合路径

(5) 选择【窗口】|【属性】命令，打开【属性】面板，单击【使用奇偶填充规则】按钮，并在【色板】面板中单击任意色板填充复合路径，如图 2-61 所示。实际上没有填充颜色的地方是镂空的。

图 2-61　填充复合路径

> **知识点**
> 选择已创建的复合路径，选择【对象】|【复合路径】|【释放】命令，可以取消已经创建的复合路径。

2.4.2　复合形状和路径查找器

复合形状不同于复合路径，复合路径是由一条或多条简单路径组成的，这些路径组合成一个整体，即使是分开的单独路径，只要它们被制作成复合路径，它们就是联合的整体。通常复合路径用来制作挖空的效果，在蒙版的制作上也起到很大的作用。复合形状是通过对多个路径执行【路径查找器】面板中的相加、交集、差集及分割等命令所得到的一个新的组合。

选择【窗口】|【路径查找器】命令或使用快捷键 Shift+Ctrl+F9 组合键可以打开如图 2-62 所示的【路径查找器】面板。

计算机基础与实训教材系列

中文版 **Illustrator CC 平面设计实用教程**

图 2-62 【路径查找器】面板

用户也可以通过单击该面板菜单按钮,在打开的面板菜单中选择相应的命令实现图形路径的编辑效果。

1. 使用【路径查找器】面板

单击【路径查找器】面板中的按钮可以创建新的形状组合,创建后不能再编辑原始对象。如果创建后产生了多个对象,这些对象会被自动编组到一起。选中要进行操作的对象,在【路径查找器】面板中单击相应的按钮,即可观察到不同的效果。

- 【联集】按钮可以将选定的多个对象合并成一个对象。在合并的过程中,将相互重叠的部分删除,只留下合并的外轮廓。新生成的对象保留合并之前最上层对象的填色和轮廓色,如图 2-63 所示。

图 2-63 联集

- 【减去顶层】按钮可以在最上层一个对象的基础上,把与后面所有对象重叠的部分删除,最后显示最上面对象的剩余部分,并组成一个闭合路径,如图 2-64 左图所示。
- 【交集】按钮可以对多个相互交叉重叠的图形进行操作,仅仅保留交叉的部分,而其他部分被删除,如图 2-64 中图所示。
- 【差集】按钮的应用效果与【交集】按钮的应用效果相反。使用这个按钮可以删除选定的两个或多个对象的重合部分,而仅仅留下不相交的部分,如图 2-64 右图所示。

图 2-64 减去顶层、交集、差集

-60-

- 【分割】按钮 可以用来将相互重叠交叉的部分分离，从而生成多个独立的部分。应用【分割】效果后，各个部分保留原始的填充或颜色，但是前面对象重叠部分的轮廓线的属性将被取消。生成的独立对象，可以使用【直接选择】工具选中对象。

- 【修边】按钮 主要用于删除被其他路径覆盖的路径，它可以把路径中被其他路径覆盖的部分删除，仅留下使用【修边】按钮前在页面能够显示出来的路径，并且所有轮廓线的宽度都将被去掉。

- 【合并】按钮 的应用效果根据选中对象填充和轮廓属性的不同而有所不同。如果属性都相同，则所有的对象将组成一个整体，合为一个对象，但对象的轮廓线将被取消。如果对象属性不相同，则相当于应用【裁剪】按钮效果。

- 【裁剪】按钮 可以在选中一些重合对象后，把所有在最前面对象之外的部分裁剪掉。

- 【轮廓】按钮 可以把所有对象都转换成轮廓，同时将相交路径相交的地方断开。

- 【减去后方对象】按钮 可以在最上面一个对象的基础上，把与后面所有对象重叠的部分删除，最后显示最上面对象的剩余部分，并且组成一个闭合路径。

2. 设置路径查找器选项

较为简单的图像在进行路径查找操作时，运行速度比较快，查找的精度也比较高。当图形比较复杂时，可以在【路径查找器】面板菜单中选择【路径查找器选项】命令，在打开的对话框中进行相应的操作，如图 2-65 所示。

图 2-65　路径查找器选项

- 【精度】：在该文本框中输入相应的数值，可以影响路径查找器计算对象路径时的精确程度。计算越精确，绘图就越准确，生成结果路径所需的时间就越长。

- 【删除冗余点】：选中该复选框，再单击【路径查找器】按钮时可以删除不必要的点。

- 【分割和轮廓将删除未上色图稿】：选中该复选框时，再单击【分割】或【轮廓】按钮可以删除选定图稿中的所有未填充对象。

②.5　实时描摹

图像描摹可以自动将置入的图像转换为矢量图，从而可以轻松地对图形进行编辑、处理和调整大小，而不会带来任何失真。图像描摹可大大节约在屏幕上重新创建扫描绘图所需的时间，而图像品质依然完好无损。还可以使用多种矢量化选项来交互调整图像描摹的效果。

②.5.1 实时描摹图稿

使用图像描摹功能可以根据现有的图像绘制新的图形。描摹图稿的方法是将图像打开或置入到 Illustrator 工作区中，然后使用【图像描摹】命令描摹图稿。用户通过控制图像描摹细节级别和填色描摹的方式，得到满意的描摹效果。

当置入位图图像后，选中图像，选择【对象】|【图像描摹】|【建立】命令，或单击控制面板中的【图像描摹】按钮，图像将以默认的预设进行描摹，如图 2-66 所示。

图 2-66 实时描摹

选中描摹结果后，选择【窗口】|【图像描摹】命令，或直接单击控制面板中的【图像描摹面板】按钮，弹出如图 2-67 所示的【图像描摹】面板。

⊙ 【预设】下拉列表指定描摹预设，如图 2-68 所示。

图 2-67 【图像描摹】对话框　　　　　图 2-68 【预设】下拉列表

⊙ 【视图】下拉列表指定描摹结果显示模式。

⊙ 【模式】下拉列表指定描摹结果的颜色模式。包括彩色、灰度、黑白 3 种模式。

⊙ 【调板】选项指定用于从原始图像生成颜色或灰度描摹的面板。

...

- ⊙ 【阈值】数值框指定用于从原始图像生成黑白描摹结果的值。所有比阈值亮的像素转换为白色，而所有比阈值暗的像素转换为黑色。该选项仅在【模式】设置为【黑白】选项时可用。

2.5.2 创建描摹预设

单击【图像描摹】面板中【预设】选项旁的【管理预设】按钮，在弹出的下拉列表中选择【存储为新预设】命令，即可打开如图 2-69 所示的【存储图像描摹预设】对话框创建新预设。

图 2-69 创建描摹预设

【例 2-6】在 Illustrator 中，描摹位图图像。

(1) 在 Illustrator 中，选择【文件】|【置入】命令，打开【置入】对话框，选择图像文件置入，如图 2-70 所示。

图 2-70 置入图像

(2) 选择【对象】|【图像描摹】|【建立】命令，或单击控制面板中的【图像描摹】按钮，图像将以默认的预设进行描摹，如图 2-71 所示。

(3) 单击控制面板中的【图像描摹面板】按钮，打开【图像描摹】面板，在【图像描摹】面板的【模式】下拉列表中选择【彩色】选项，【颜色】数值设置为 12，如图 2-72 所示。

图 2-71　建立描摹　　　　　　　　　图 2-72　设置描摹

(4) 单击【图像描摹】面板中【预设】选项旁的【管理预设】按钮 ，在弹出的下拉列表中选择【存储为新预设】命令，打开【存储图像描摹预设】对话框。在【名称】文本框中输入 "彩色 12"，然后单击【确定】按钮，如图 2-73 所示。

图 2-73　存储描摹

2.5.3　转换描摹对象

当对描摹结果满意后，可将描摹转换为路径对象。转换描摹对象后，不能再使用调整描摹选项。选择描摹结果，单击控制面板中的【扩展】按钮，或选择【对象】|【图像描摹】|【扩展】命令，将得到一个编组的对象，如图 2-74 所示。

图 2-74　扩展图像描摹

用户如果想要放弃描摹结果，保留原始置入的图像，可释放描摹对象。选中描摹对象，选

计算机 基础与实训教材系列

择【对象】|【图像描摹】|【释放】命令即可。

2.6　符号的应用

符号是在文档中可重复使用的图稿对象。每个符号实例都链接到【符号】面板中的符号或符号库，使用符号可节省用户的时间并显著减小文件大小。

2.6.1　【符号】面板

【符号】面板用来管理文档中的符号。可以用来建立新符号、编辑修改现有的符号以及删除不再使用的符号。选择菜单栏中的【窗口】|【符号】命令，可打开【符号】面板，如图 2-75 所示。

断开符号链接
符号库菜单
置入符号实例
符号选项
删除符号
新建符号

图 2-75　【符号】面板

1. 置入符号

在 Illustrator 中，用户可以使用【符号】面板在工作页面中置入单个符号。选择【符号】面板中的符号，单击【置入符号实例】按钮 ，或者拖动符号至页面中，即可把实例置入画板中，如图 2-76 所示。

图 2-76　置入符号

2. 创建新符号

在 Illustrator 中，可以使用大部分的图形对象创建符号，包括路径、复合路径、文本、栅格图像、网格对象和对象组。

选中要添加为符号的图形对象后，单击【符号】面板底部的【新建符号】按钮，或在面板菜单中选择【新建符号】命令，或直接将图形对象拖动到【符号】面板中，即可打开【符号选项】对话框创建新符号，如图 2-77 所示。如果不想在创建新符号时打开【新建符号】对话框，在创建此符号时按住 Alt 键，将其拖动至【新建符号】按钮上释放，Illustrator 将使用符号的默认名称。

提示

默认情况下，选定的图形对象会变为新符号的实例。如果不希望图稿变为实例，在创建新符号时按住 Shift 键。

图 2-77　【符号选项】对话框

【例2-7】在 Illustrator 中，使用选中的图形对象创建符号。

(1) 在打开的图形文档中，使用工具箱中的【选择】工具选中图形对象，并在【符号】面板中，单击【新建符号】按钮，如图 2-78 所示。

图 2-78　选中图形

(2) 在打开的【符号选项】对话框的【名称】文本框中输入 egg，【类型】下拉列表中选择【图形】选项，然后单击【确定】按钮创建新符号，同时可以在【符号】面板中看到新建符号，如图 2-79 所示。

图 2-79　新建符号

3. 断开符号链接

在 Illustrator 中创建符号后，还可以对符号进行修改和重新定义。

【例2-8】在 Illustrator 中修改已有的符号。

(1) 在打开的图形文档中选中符号实例，单击【符号】面板中的【断开符号链接】按钮，如图 2-80 所示。

图 2-80　断开符号链接

(2) 选择工具箱中的【直接选择】工具选中圆角矩形，并在【颜色】面板中调整颜色，如图 2-81 所示。

图 2-81　调整颜色

(3) 使用【选择】工具选中编辑后的图形，并确保要重新定义的符号在【符号】面板中被选中，然后在【符号】面板菜单中选择【重新定义符号】命令，如图 2-82 所示。或按住 Alt 键将修改的符号拖动到【符号】面板中旧符号的顶部。该符号将在【符号】面板中替换旧符号并在当前文件中更新。

图 2-82　重新定义符号

计算机基础与实训教材系列

②6.2 符号工具

在 Illustrator 中，符号工具用于创建和修改符号实例集。用户可以使用【符号喷枪】工具创建符号集。然后可以使用其他符号工具更改符号实例集的实例密度、颜色、位置、大小、旋转、透明度和样式等。

1. 符号工具选项设置

在 Illustrator 中，可以双击工具箱中的【符号喷枪】工具，打开如图 2-83 所示【符号工具选项】对话框，设置符号工具选项。

图 2-83　【符号工具选项】对话框

> **提示**
>
> 使用符号工具时，可以按键盘上的[键以减小直径，或按]键以增加直径；可以按住 Shift+[键以减小强度，或按住 Shift+]键以增加强度。

- ● 【直径】：指定工具的画笔大小。
- ● 【强度】：指定更改的速度，数值越大，更改越快。
- ● 【符号组密度】：指定符号组的密度值，数值越大，符号实例堆积密度越大。此设置应用于整个符号集。如果选择了符号集，将更改符号集中所有符号实例的密度。
- ● 【显示画笔大小和强度】：选中该项后，可以显示画笔的大小和强度。

> **知识点**
>
> 直径、强度和密度等常规选项出现在对话框的上部。特定的工具选项则出现在对话框的下部。常规选项与所选的符号工具无关。要切换另一个符号工具选项，单击对话框中相应的工具图标即可。

2. 使用【符号喷枪】工具

在 Illustrator 中，符号可以被单独使用，也可以作为集合来使用。符号的应用非常简单，只要在工具箱中选择【符号喷枪】工具，然后在【符号】面板中选择一个符号图标，并在工作区中单击即可。单击一次可创建一个符号实例，单击多次或按住鼠标左键拖动可创建符号集，如图 2-84 所示。

图 2-84 使用【符号喷枪】

3. 使用【符号移位器】工具

在 Illustrator 中，创建好符号实例后，还可以分别移动它们的位置，从而获得用户所需的效果。选择工具箱中的【符号位移器】工具 ，向希望符号实例移动的方向拖动即可。

【例 2-9】在 Illustrator 中，使用【符号位移器】工具移动符号组。

(1) 在工具箱中选中【选择】工具，选择文档中的符号组，如图 2-85 所示。

(2) 在工具箱中选择【符号位移器】工具，然后在符号组中单击拖动需要移动的符号实例至合适的位置释放即可，如图 2-86 所示。

计算机 基础与实训教材系列

图 2-85 选中符号组   图 2-86 使用【符号位移器】

(3) 在工具箱中双击【符号位移器】工具，打开【符号工具选项】对话框，并设置【符号组密度】为 1，单击【确定】按钮关闭对话框。然后在需要移动的符号组上按住左键拖动至合适位置，松开左键即可得到如图 2-87 所示的效果。

知识点

如果要向前移动符号实例，或者把一个符号移动到另一个符号的前一层，那么按住 Shift 键单击符号实例。如果要向后移动符号实例，按住 Alt+Shift 键单击符号实例即可。

图 2-87　设置符号工具选项 1

4. 使用【符号紧缩器】工具

创建好符号实例后，还可以使用【符号紧缩器】工具 聚拢或分散符号实例。使用【符号紧缩器】工具单击或拖动符号实例之间的区域可以聚拢符号实例，按住 Alt 键单击或拖动符号实例之间的区域可以增大符号实例之间的距离。使用该工具不能大幅度增减符号实例之间的距离。

【例 2-10】在 Illustrator 中，使用【符号紧缩器】工具缩紧符号组。

(1) 在工具箱中选中【选择】工具，选择文档中的符号组，如图 2-88 所示。

(2) 在工具箱中选择【符号紧缩器】工具，然后按住 Alt 键在符号组上单击，即可分散符号实例，如图 2-89 所示。

图 2-88　选中符号组　　　　　　图 2-89　使用【符号紧缩器】工具

(3) 从工具箱中双击【符号紧缩器】工具，打开【符号工具选项】对话框，在对话框中设置【强度】数值为 8，【符号组密度】数值为 10，单击【确定】按钮关闭对话框，按 Alt 键单击，即可得到如图 2-90 所示的效果。

图 2-90　设置符号工具选项 2

5. 使用【符号缩放器】工具

创建好符号实例之后，可以对其中的单个或者多个实例的大小进行调整。选择【符号缩放器】工具 单击或拖动要放大的符号实例即可。按住 Alt 键，单击或拖动可缩小符号实例大小。按住 Shift 键，单击或拖动可以在缩放的同时保留符号实例的密度。

【例2-11】在 Illustrator 中，使用【符号缩放器】工具缩放符号组。

(1) 在工具箱中选中【选择】工具，选择文档中的符号组，如图 2-91 所示。

(2) 在工具箱中选择【符号缩放器】工具，在符号上按住鼠标左键拖动，可以放大符号实例，如图 2-92 所示。

图 2-91 选中符号　　　　　　图 2-92 使用【符号缩放器】工具

(3) 在工具箱中双击【符号缩放器】工具，弹出【符号工具选项】对话框，在其中设定【强度】为 8，【符号组密度】数值为 3，单击【确定】按钮关闭对话框。然后按住 Alt 键在符号组上单击，如图 2-93 所示。

图 2-93 设置符号工具选项 3

6. 使用【符号旋转器】工具

创建好符号实例之后，还可以对它们进行旋转调整，从而获得需要的效果。选择【符号旋转器】工具 单击或拖动符号实例，使之朝向需要的方向即可。

【例2-12】在 Illustrator 中，使用【符号旋转器】工具旋转符号组。

(1) 在工具箱中选中【选择】工具，选择文档中的符号组，如图 2-94 所示。

计算机 基础与实训教材系列

(2) 在工具箱中选择【符号旋转器】工具，然后在文档中按住左键拖动，即可得到如图 2-95 所示的图形。

图 2-94　选中符号组　　　　　　　　　图 2-95　使用【符号旋转器】工具

(3) 在工具箱中双击【符号旋转器】工具，在打开的【符号工具选项】中设置【直径】为 20mm，【符号组密度】为 10，单击【确定】按钮关闭对话框，然后使用【符号旋转器】工具在符号组上按住左键拖动，释放左键即可得到如图 2-96 所示的效果。

图 2-96　使用【符号旋转器】工具

7. 使用【符号着色器】工具

在 Illustrator 中，对符号实例着色就是更改颜色的色相，同时保留原始亮度。此方法使用原始颜色的亮度和上色颜色的色相生成颜色。因此，具有极高或极低亮度的颜色改变很少；黑色或白色对象完全无变化。

【例 2-13】在 Illustrator 中，使用【符号着色器】工具 为符号组着色。

(1) 在【符号】面板中选中一种符号样式，选择【符号喷枪】工具，然后在文档中按住左键拖动，即可得到如图 2-97 所示的图形。

(2) 在【颜色】面板中设置填充颜色为 C=90 M=30 Y=95 K=30，然后选择工具箱中的【符号着色器】工具，在符号上单击即可得到如图 2-98 所示效果。

图 2-97　创建符号组

图 2-98　使用【符号着色器】工具

提示

按住 Ctrl 键，单击或拖动以减小上色量并显示出更多的原始符号颜色。按住 Shift 键，单击或拖动以保持上色量为常量，同时逐渐将符号实例颜色更改为上色颜色。

8. 使用【符号滤色器】工具

创建好符号后，还可以对它们的透明度进行调整。选择【符号滤色器】工具，单击或拖动希望增加符号透明度的位置即可，如图 2-99 所示。单击或拖动可减小符号透明度。如果想恢复原色，那么在符号实例上单击鼠标右键，并从打开的菜单中选择【还原滤色】命令，或按住 Alt 键单击或拖动即可。

图 2-99　调整符号透明度

【例2-14】在 Illustrator 中，利用符号制作请柬效果。

(1) 选择【钢笔】工具在画板中绘制图形，并在【渐变】面板中设置渐变色，然后使用【渐变】工具在图形上拖动调整渐变色，如图 2-100 所示。

图 2-100　绘制图形

(2) 使用【选择】工具选中刚创建的图形，并在【符号】面板菜单中选择【新建符号】命令，打开【符号选项】对话框。在对话框的【名称】文本框中输入"爱心四叶草"，在【类型】下拉列表中选择【图形】选项，然后单击【确定】按钮新建符号，如图 2-101 所示。

图 2-101　新建符号

(3) 选择【矩形】工具，在画板中单击打开【矩形】对话框。在对话框中，设置【宽度】为 190mm，【高度】为 105mm，然后单击【确定】按钮创建矩形，如图 2-102 所示。

(4) 在【符号】面板中选中先前创建的符号，选择【符号喷枪】工具在绘制的矩形上添加符号组，如图 2-103 所示。

图 2-102　绘制矩形　　　　　图 2-103　创建符号集

(5) 选择【符号缩放器】工具，在创建的符号组上单击放大符号实例，按 Alt 键单击缩小符号实例，如图 2-104 所示。

(6) 选择【符号位移器】工具，在创建的符号组上单击移动符号实例，如图 2-105 所示。

图 2-104 使用【符号紧缩器】工具 　　　　　图 2-105 使用【符号位移器】工具

(7) 选择【符号旋转器】工具，在创建的符号组上单击拖动旋转符号实例，如图 2-106 所示。

(8) 选择【符号滤色器】工具，在创建的符号组上单击调整符号实例，如图 2-107 所示。

图 2-106 使用【符号旋转器】工具 　　　　　图 2-107 使用【符号滤色器】工具

(9) 选择【选择】工具在符号组上右击鼠标，在弹出的快捷菜单中选择【排列】|【置于底层】命令。然后按 Ctrl 键选中步骤(1)中的矩形，右击鼠标，在弹出的快捷菜单中选择建立剪切蒙版命令，如图 2-108 所示。

图 2-108 建立剪切蒙版

计算机基础与实训教材系列

(10) 选择【直排文字】工具，按 Ctrl+T 组合键打开【字符】面板。在面板中设置字体为【方正黄草_GBK】，字体大小为 130pt，然后使用【直排文字】工具在画板中输入文字，如图 2-109 所示。

图 2-109　输入文字

(11) 使用【选择】工具选中两个文字，设置描边色为黑色，并在【描边】面板中设置【粗细】为 2pt，然后使用【选择】工具分别调整两个文字的位置及大小，如图 2-110 所示。

图 2-110　编辑文字

(12) 选中两个文字，右击鼠标，在弹出的菜单中选择【创建轮廓】命令，并按 Ctrl+G 组合键进行群组。然后在【渐变】面板中，分别将填充和描边色设置为 C=15 M=100 Y=90 K=10 至 C=0 M=80 Y=95 K=0 渐变，如图 2-111 所示。

图 2-111　填充文字

(13) 选择【文字】工具，按 Ctrl+T 组合键打开【字符】面板。在面板中设置字体为 Century Gothic，字体大小为50pt，然后使用【文字】工具在画板中输入文字，如图 2-112 所示。

图 2-112　输入文字

(14) 使用【选择】工具选中文字，右击鼠标，在弹出的菜单中选择【创建轮廓】命令。然后使用【渐变】工具在文字上拖动填充渐变色，如图 2-113 所示。

(15) 选择【矩形】工具在画板中单击并拖动绘制 3 个矩形条，如图 2-114 所示。

图 2-113　填充渐变　　　　图 2-114　绘制矩形

(16) 使用【混合】工具分别单击文字底部的两个矩形条创建混合。选择【对象】|【混合】|【混合选项】命令，打开【混合选项】对话框。在对话框的【间距】下拉列表中选择【指定的步数】选项，并设置数值为 1，然后单击【确定】按钮，如图 2-115 所示。

图 2-115　创建混合

(17) 使用【文字】工具在画板中输入文字，然后在【字符】面板中调整文字大小和字符间距，如图 2-116 所示。

(18) 右击鼠标，在弹出的菜单中选择【创建轮廓】命令。然后使用【渐变】工具在文字上拖动填充渐变色，如图 2-117 所示。

图 2-116　输入文字　　　　　　　　　　　　图 2-117　填充渐变

(19) 选择【文字】工具，按 Ctrl+T 组合键打开【字符】面板。在面板中设置字体为【方正综艺_GBK】，字体大小为 21pt，然后使用【文字】工具在画板中输入文字，并在【色板】面板中单击 C=15 M=100 Y=90 K=10 色板，如图 2-118 所示。

图 2-118　输入文字

(20) 选择【选择】工具，按 Ctrl+C 组合键复制文字，并按 Ctrl+B 组合键将复制的文字粘贴在下一层，并在【颜色】面板中设置描边色为白色，在【描边】面板中设置【粗细】为 4pt，如图 2-119 所示。

(21) 选择【效果】|【风格化】|【投影】命令，打开【投影】对话框。在对话框中，设置【不透明度】为 50%，【X 位移】和【Y 位移】为 1mm，【模糊】为 1.5mm，然后单击【确定】按钮，如图 2-120 所示。

图 2-119　复制文字　　　　　　　　　　　图 2-120　应用投影

(22) 使用【文字】工具，按 Ctrl+T 组合键打开【字符】面板。在面板中设置字体为【方正黄草_GBK】，字体大小为 21pt，然后使用【文字】工具在画板中输入文字，并在【色板】面板中单击 C=15 M=100 Y=90 K=10 色板，如图 2-121 所示。

图 2-121　输入文字

9. 使用【符号样式器】工具

在 Illustrator 中，使用【符号样式器】工具可应用或从符号实例上删除图形样式，还可以控制应用的量和位置。

【例 2-15】在 Illustrator 中，使用【符号样式器】工具设置符号样式。

(1) 在【符号】面板中，单击一个符号。然后选择【符号喷枪】工具，在文档中按住左键拖动，即可得到如图 2-122 所示的符号组。

图 2-122　创建符号组

> **提示**
>
> 在要进行附加样式的符号实例对象上单击并按住鼠标左键，按住的时间越长，着色的效果越明显。按住 Alt 键，可以将已经添加的样式效果除去。

(2) 在【图形样式】面板中，单击选择【植物_GS】图形样式，如图 2-123 所示。

(3) 选择【符号样式器】工具，将【植物_GS】图形样式拖动到符号上释放，即可在符号上应用样式，如图 2-124 所示。

图 2-123　选择图形样式

图 2-124　使用【符号样式器】工具

②.7　上机练习

本章的上机练习主要通过制作立体包装效果，使用户更好地掌握图形绘制的基本操作方法和技巧，以及透视网格的使用方法。

(1) 选择工具箱中【矩形】工具在页面中单击，弹出【矩形】对话框。在对话框中设置【宽度】和【高度】数值为 100mm，然后单击【确定】按钮，如图 2-125 所示。

图 2-125　绘制矩形

(2) 选择【渐变】面板，取消矩形的描边色，在【类型】下拉列表中选择【径向】，设置渐变为白色至 K=20 渐变，设置中点【位置】为 80%。然后选择【渐变】工具，调整渐变效果，如图 2-126 所示。

图 2-126　填充矩形

(3) 选择【圆角矩形】工具，在页面中单击打开【圆角矩形】对话框。在对话框中，设置【宽度】为 10mm，【高度】为 4mm，【圆角半径】为 2mm，然后单击【确定】按钮创建圆角矩形。并在【色板】面板中，单击 C=0 M=90 Y=85 K=0 色板，如图 2-127 所示。

图 2-127　绘制圆角矩形

(4) 保持圆角矩形的选中状态，右击鼠标，在弹出的快捷菜单中选择【变换】|【移动】命令。打开【移动】对话框。在对话框中设置【水平】数值为 60mm，单击【复制】按钮。然后在【色板】面板中单击 C=85 M=50 Y=0 K=0 色板，如图 2-128 所示。

图 2-128　移动圆角矩形

(5) 选择【混合】工具单击两个圆角矩形，选择【对象】|【混合】|【混合选项】命令，打开【混合选项】对话框。在对话框的【间距】下拉列表中选择【指定的步数】选项，并设置数值为 7，然后单击【确定】按钮，如图 2-129 所示。

图 2-129　混合对象

(6) 使用【选择】工具将混合对象移动至绘制的矩形上，然后选中【透明度】面板，设置混合模式为【强光】，如图 2-130 所示。

(7) 按 Ctrl+Alt 组合键移动复制混合对象，选择【直接选择】工具，选中一端的圆角矩形，单击【色板】面板中的 C=0 M=80 Y=95 K=0 色板。选中另一端的圆角矩形，单击 C=85 M=10 Y=100 K=10 色板，如图 2-131 所示。

图 2-130　设置混合模式　　　　　　　　　图 2-131　移动复制并调整混合对象(1)

(8) 按 Ctrl+Alt 组合键移动复制混合对象，选择【直接选择】工具，选中一端的圆角矩形，单击【色板】面板中的【CMYK 青】色板。选中另一端的圆角矩形，单击 C=10 M=100 Y=50 K=0 色板，如图 2-132 所示。

(9) 选择【选择】工具选中混合对象，并移动复制混合对象，如图 2-133 所示。

图 2-132　移动复制并调整混合对象(2)　　　　图 2-133　移动复制并调整混合对象(3)

(10) 复制矩形，取消填充色。右击鼠标，在弹出的菜单中选择【排列】|【置于顶层】命令。按 Ctrl 键单击选中全部混合对象。右击鼠标，在弹出的快捷菜单中选择【建立剪切蒙版】命令建立剪切蒙版，如图 2-134 所示。

(11) 选择【文字】工具，按 Ctrl+T 组合键打开【字符】面板。在面板中设置字体为 Arial Bold，字体大小为 55pt，字符间距为-50，然后在画板中输入文字 Painter，按 Ctrl+Enter 组合键结束，如图 2-135 所示。

(12) 继续使用【文字】工具在画板中单击输入 X，按 Ctrl+A 组合键选中文字，在【字符】面板中设置字体为 Brush Script MT Italic，字体大小为 107pt，然后按 Ctrl+Enter 组合键结束，如图 2-136 所示。

(13) 选择【矩形】工具拖动绘制矩形，然后选择【渐变】工具在矩形上拖动填充渐变，如图 2-137 所示。

图 2-134 建立剪切蒙版

图 2-135 输入文字(1)

图 2-136 输入文字(2)

图 2-137 绘制矩形

(14) 使用【选择】工具选中文字对象,按 Ctrl+C 组合键复制,按 Ctrl+V 组合键粘贴,按 Shift+Ctrl+]组合键将文字置于顶层。然后在【变换】面板中设置角度为-90°,并缩小并移动文字对象,如图 2-138 所示。

(15) 使用【选择】工具选中步骤(12)至步骤(13)中创建的对象,按 Ctrl+G 组合键进行编组。然后选中步骤(1)至步骤(11)中创建的对象,按 Ctrl+G 组合键进行编组,如图 2-139 所示。

图 2-138 复制、变换文字

图 2-139 编组对象

(16) 选择【透视网格】工具,并调整透视网格效果,如图 2-140 所示。

(17) 在【平面切换构件】中单击【右侧网格平面】,然后单击工具箱中的【透视选区】工具,选中需要置入透视网格的对象,单击并拖动到右侧透视网格中,如图 2-141 所示。

(18) 在【平面切换构件】中单击【左侧网格平面】,然后选中需要置入透视网格的对象,单击并拖动到左侧透视网格中,如图 2-142 所示。

图 2-140　显示透视网格

图 2-141　将对象置入网格(1)

(19) 选择【矩形】工具在透视网格中拖动绘制，并在【渐变】面板中设置【类型】为【线性】，渐变色为白色至K=35，如图 2-143 所示。

图 2-142　将对象置入网格(2)

图 2-143　绘制矩形

(20) 在【透明度】面板中设置混合模式为【正片叠底】，如图 2-144 所示。

(21) 使用【矩形】工具在透视网格中拖动绘制，并在【渐变】面板中，设置角度为-15°，渐变色为白色至K=60，如图 2-145 所示。

图 2-144　调整图形

图 2-145　绘制图形(1)

(22) 使用【矩形】工具拖动绘制，并在【渐变】面板中设置渐变色为 K=35 至白色，中点位置为 35%，角度为-130°，如图 2-146 所示。

(23) 在【平面切换构件】中单击【右侧网格平面】，使用【矩形】工具拖动绘制，并在【渐变】面板中设置渐变色为 K=35 至白色，中点位置为 35%，角度为-80°，如图 2-147 所示。

(24) 选择【视图】|【透视网格】|【隐藏网格】命令隐藏透视网格，如图 2-148 所示。

图 2-146　绘制图形(2)

图 2-147　绘制图形(3)

(25) 选择【椭圆】工具，按 Alt+Shift 组合键拖动绘制圆形，并填充白色，取消描边色，如图 2-149 所示。

图 2-148　隐藏网格

图 2-149　绘制圆形

(26) 右击鼠标，在弹出的快捷菜单中选择【变换】|【缩放】命令，打开【比例缩放】对话框。在对话框中，设置【等比】数值为 98%，单击【复制】按钮。然后在【渐变】面板中，设置渐变色为 K=20 至白色至 K=30，角度为 45°，如图 2-150 所示。

图 2-150　缩小并复制圆形(1)

(27) 右击鼠标，在弹出的快捷菜单中选择【变换】|【缩放】命令，打开【比例缩放】对话框。在对话框中，设置【等比】数值为 45%，单击【复制】按钮。使用白色填充图形，并设置描边为 K=20，如图 2-151 所示。

图 2-151　缩小并复制圆形(2)

(28) 右击鼠标,在弹出的快捷菜单中选择【变换】|【缩放】命令,打开【比例缩放】对话框。在对话框中,设置【等比】数值为 95%,单击【复制】按钮,如图 2-152 所示。

图 2-152　缩小并复制圆形(3)

(29) 右击鼠标,在弹出的快捷菜单中选择【变换】|【缩放】命令,打开【比例缩放】对话框。在对话框中,设置【等比】数值为 45%,单击【复制】按钮,如图 2-153 所示。

图 2-153　缩小并复制圆形(4)

(30) 右击鼠标，在弹出的快捷菜单中选择【变换】|【缩放】命令，打开【比例缩放】对话框。在对话框中，设置【等比】数值为 92%，单击【复制】按钮，如图 2-154 所示。

图 2-154　缩小并复制圆形(5)

(31) 选择【效果】|【风格化】|【内发光】命令，打开【内发光】对话框。在对话框中，单击颜色色板，在弹出的【拾色器】对话框中设置颜色为黑色。在【模式】下拉列表中选择【正片叠底】选项，设置【不透明度】为 25%，【模糊】数值为 1.5mm，然后单击【确定】按钮，如图 2-155 所示。

图 2-155　应用内发光

(32) 使用【选择】工具选中最先绘制的圆形，选择【效果】|【风格化】|【投影】命令，打开【投影】对话框。设置【不透明度】为 65%，【X 位移】为-2mm，【Y 位移】为 0.3mm，【模糊】为 1mm，然后单击【确定】按钮，如图 2-156 所示。

图 2-156　应用投影

.8　习题

1. 新建图形文档，并在文档中绘制如图 2-157 所示的图标。
2. 在文档中置入位图图像，并使用实时描摹，描摹图像，如图 2-158 所示。

图 2-157　绘制图标　　　　　　　　　　　　　　　图 2-158　描摹图像

第3章

对象的组织

学习目标

Illustrator 中提供了很多方便对象组织操作的功能和命令。用户可以根据需要进行图形的选择与排列等，还可以通过图层快捷有效地管理图形对象。

本章重点

⊙ 图形的选择
⊙ 图形的排列与分布
⊙ 图层的使用

③.1 图形的选择

Illustrator 是一款面向图形对象的软件，在做任何操作前都必须选择图形对象，以指定后续操作所针对的对象。因此，Illustrator 提供了多种选取相应图形对象的方法。熟悉图形对象的选择方法才能提高效率。

③.1.1 选取工具

在 Illustrator 的工具箱中有 5 个选择工具，分别是【选择】工具、【直接选择】工具、【编组选择】工具、【魔棒】工具和【套索】工具，它们分别代表不同的功能，并且在不同的情况下使用。

1.【选择】工具

使用【选择】工具在路径或图形的任意一处单击，就会将整条路径或者图形选中。当【选择】工具在未选中图形对象或路径时，光标显示为 ► 形状。当使用【选择】工具选中图形对象或路径后，光标变为 ► 形状。当【选择】工具靠近一个锚点时，光标显示为 ► 形状。

使用【选择】工具选择图形有两种方法，一种是使用鼠标单击图形，即可将图形选中；另一种是使用鼠标拖动矩形框来选择部分图形，也可将图形选中，如图 3-1 所示。使用【选择】工具选中图形后，就可以拖动鼠标移动图形的位置，还可以通过选中对象的矩形定界框上的控制点缩放、旋转图形。

图 3-1　选择图形

2. 【直接选择】工具

【直接选择】工具可以选取成组对象中的一个对象、路径上任何一个单独的锚点或某一路径上的线段，在大部分情况下【直接选择】工具用来修改对象形状。

当【直接选择】工具放置在未被选中图形或路径上时，光标显示为 ► 形状；当【直接选择】工具放置在已被选中的图形或路径上时，光标变为 ► 形状。

使用【直接选择】工具选中一个锚点后，这个锚点以实心正方形显示，其他锚点以空心正方形显示。如果被选中的锚点是曲线点，则曲线点的方向线及相邻锚点的方向线也会显示出来。使用【直接选择】工具拖动方向线及锚点就可改变曲线形状及锚点位置，也可以通过拖动线段改变曲线形状，如图 3-2 所示。

图 3-2　使用【直接选择】工具

【例 3-1】在新建文档中，绘制手机图标。

(1) 新建图形文件，选择【视图】|【显示网格】命令显示网格，并选择【视图】|【对齐网格】命令，如图 3-3 所示。

(2) 选择工具箱中的【钢笔】工具，依据网格线在图形文档中绘制如图 3-4 所示的图形。

图 3-3　新建文件

图 3-4　绘制图形

(3) 选择【直接选择】工具框选锚点，然后移动调整图形形状，如图 3-5 所示。

(4) 选择工具箱中的【钢笔】工具，依据网格线在图形文档中绘制如图 3-6 所示的路径。

图 3-5　调整图形

图 3-6　绘制路径(1)

(5) 选择【视图】|【对齐网格】命令，继续使用工具箱中的【钢笔】工具，依据网格线在图形文档中绘制如图 3-7 所示的图形。

图 3-7　绘制路径(2)

(6) 选择工具箱中的【椭圆】工具，依据网格线，按住 Alt+Shift 组合键在图形文档中绘制如图 3-8 所示的图形。并在工具箱中，单击【互换填色和描边】按钮，切换填充和描边。

(7) 选择工具箱中的【矩形】工具，依据网格线，按住 Alt+Shift 组合键在图形文档中绘制图形，并在【变换】面板中，单击【链接圆角半径值】按钮，设置【边角类型】数值为 3mm，如图 3-9 所示。

图 3-8　绘制图形(1)

(8) 使用【圆角矩形】工具在图形文件中单击，打开【圆角矩形】对话框。在对话框中，设置【宽度】数值为 16mm，【高度】数值为 11mm，【圆角半径】数值为 2mm，如图 3-10 所示，然后单击【确定】按钮创建圆角矩形。

图 3-9　绘制图形(2)　　　　　　　　　　　图 3-10　设置圆角矩形

(9)在【颜色】面板中设置填充颜色为白色，再选择【选择】工具移动圆角矩形，然后选择【直线】工具，按住 Shift 键绘制直线，如图 3-11 所示。

图 3-11　调整图形

(10) 使用【选择】工具选中步骤(2)中创建的路径，并在工具箱中单击【默认填色和描边】按钮填充选中的路径，如图 3-12 所示。

(11) 选择【对象】|【路径】|【偏移路径】命令，打开【偏移路径】对话框，设置【位移】数值为 2mm，如图 3-13 所示。

图 3-12 填充图形

图 3-13 偏移路径

(12) 设置完后，单击【确定】按钮偏移路径，并在【颜色】面板中将填充颜色设置为黑色，如图 3-14 所示。

(13) 选择【选择】工具，选中绘制的线条，在【描边】面板中，设置【粗细】为 2pt，如图 3-15 所示。

图 3-14 填充颜色

图 3-15 设置描边

3. 【编组选择】工具

有时为了绘制图形方便，会把几个图形进行编组，如果要移动一组图形，只需用【选择】工具选择任意图形，就可以把这一组图形都选中。如果这时要选择其中一个图形，则需要使用【编组选择】工具。在成组的图形中，使用【编组选择】工具单击可选中其中的一个图形，双击鼠标即可选中这一组图形。如果图形是多重成组图形，则每多单击鼠标一次，就可多选择一组图形，如图 3-16 所示。

图 3-16 使用【编组选择】工具

4.【魔棒】工具

【魔棒】工具的出现为选取具有某种相同或相近属性的对象带来了前所未有的方便，对于位置分散的具有某种相同或相近属性的对象，【魔棒】工具能够单独选取目标的某种属性，从而使整个具有某种相同或相近的属性的对象全部被选中，如图 3-17 所示。该工具的使用方法与Photoshop 中的【魔棒】工具的使用方法相似，用户利用这一工具可以选择具有相同或相近的填充色、边线色、边线宽度、透明度或者混合模式的图形。

双击【魔棒】工具，打开该工具的面板，如图 3-18 所示，在其中可做适当的设置。

图 3-17　使用【魔棒】工具　　　　　　图 3-18　【魔棒】面板

- 【填充颜色】：以填充色为选择基准，其中【容差】的大小决定了填充色选择的范围，数值越大选择范围就越大，反之，范围就越小。
- 【描边颜色】：以边线色为选择基准，其中【容差】的作用同【填充颜色】中【容差】的作用相似。
- 【描边粗细】：以边线色为选择基准，其中【容差】决定了边线宽度的选择范围。
- 【不透明度】：以透明度为选择基准，其中【容差】决定了透明程度的选择范围。
- 【混合模式】：以相似的混合模式作为选择的基准。

5.【套索】工具

【套索】工具可以通过自由拖动的方式选取多个图形、锚点或者路径片段。使用【套索】工具圈选完整的一个对象，整个图形即被选中。如果只圈选部分图形，则只选中被圈选的局部图形上的锚点，如图 3-19 所示。

图 3-19　使用【套索】工具

3.1.2　菜单中的选取命令

【选择】菜单下有多个不同的选择命令，如图3-20所示。

- ◉　【全部】命令用于全选所有页面内的图形。
- ◉　【现用画板上的全部对象】命令用于选择当前使用页面中的全部图形对象。
- ◉　【取消选择】命令用于取消对页面内的图形的选择。
- ◉　【重新选择】命令用于选择执行【取消选择】命令前的被选择的图形。
- ◉　【反向】命令用于选择当前被选择图形以外的图形。
- ◉　当图形被堆叠时，可通过【选择】|【上方的下一个对象】命令选择当选图形紧邻的上面的图形；选择【选择】|【下方的下一个对象】命令可选择当选图形紧邻的下面的图形。

选择【选择】|【相同】命令或使用控制面板中的【选择类似的对象】，可以自定义根据对象填充色、描边色、描边粗细等属性选择对象。单击控制面板中【选取相似的对象】按钮右侧的按钮，弹出如图3-21所示的下拉列表选择对象属性。

图3-20　【选择】菜单

图3-21　【对象】命令子菜单

3.2　链接图稿

在Illustrator中设计作品时经常要使用其他应用程序创建的图稿。如果将这些图稿置入到文档中，会增加文档容量，影响程序运行速度。而使用链接图稿不仅可以大大提高操作效率，还可以编辑原图稿。

1. 更新链接的图稿

使用【链接】面板来查看和管理Illustrator文档中所有链接或嵌入的图稿。选择【窗口】|【链接】命令即可打开如图3-22所示的【链接】面板，可以通过【链接】面板来选择、识别、监控和更新链接文件。在源文件更改时如果要更新链接的图稿，有以下两种方法。

- ◉　在工作窗口中选择链接的图稿。在控制面板中，单击文件名并选择【更新链接】，如图3-23所示。

- 在【链接】面板中，选择显示感叹号图标的一个或多个链接。单击【更新链接】按钮 ，或从面板弹出菜单中选择【更新链接】命令。

图 3-22　【链接】面板　　　　　　　　　图 3-23　更新链接

2. 重新链接图稿

　　如果要重新连接至缺失的链接图稿，可以在工作窗口中选择链接的图稿。在控制面板中，单击文件名并选择【重新链接】。或者在【链接】面板中，单击【重新链接】按钮 ，或从【链接】面板菜单中选择【重新链接】命令。 在打开的【置入】对话框中的选择链接的图稿，然后单击【确定】按钮可以重新链接图稿，如图 3-24 所示。重新链接的图稿将保留所替换图稿的大小、位置和变换特征。

图 3-24　重新链接

3. 编辑链接图稿

　　如要编辑图形文档中链接的图稿，可以执行下列操作之一。

- 在工作窗口中选择链接的图稿。在控制面板中单击【编辑原稿】按钮。
- 在【链接】面板中，选择链接，然后单击【编辑原稿】按钮，或者从面板弹出菜单中选择【编辑原稿】。
- 选择链接的图稿，然后选择【编辑】|【编辑原稿】命令即可。

③.3　图形的排列与分布

　　对象的堆叠方式决定了最终的显示效果，在 Illustrator 中，使用【排列】命令可以随时更改图稿中对象的堆叠顺序。还可以使用【对齐与分布】命令定义多个图形的排列、分布方式。

3.3.1　对象的排列

选择【对象】|【排列】命令子菜单中的命令，可以改变图形的前后堆叠顺序。【置于顶层】命令可将所选图形放置在所有图形的最前面。【前移一层】命令可将所选对象向前移动一层。【后移一层】命令可将所选图形向后移动一层。【置于底层】命令可将所选图形放置在所有图形的最后面。

【例 3-2】在打开的图形文档中，排列选中的图形对象。

(1) 在打开的图形文档中，使用工具箱中的【选择】工具选中对象。

(2) 单击鼠标右键，在弹出的菜单中选择【排列】|【前移一层】命令，重新排列图形对象的叠放顺序，如图 3-25 所示。

图 3-25　排列对象

> **提示**
>
> 在实际操作过程中，用户可以在选中图形对象后，单击鼠标右键，在弹出的快捷菜单中选择【排列】命令，或直接通过键盘快捷键排列图形对象。按 Shift+Ctrl+]组合键可以将所选对象置于顶层；按 Ctrl+]组合键可将所选对象前移一层；按 Ctrl+[键可将所选对象后移一层；按 Shift+Ctrl+[组合键可将所选对象置于底层。

3.3.2　对齐与分布

在 Illustrator 中，使用【对齐】面板和控制面板中的对齐选项都可以沿指定的轴对齐或分布所选对象。首先将要进行对齐的对象选中，选择【窗口】|【对齐】命令或按 Shift+F7 组合键，打开如图 3-26 所示的【对齐】面板，在其中的【对齐对象】选项中可以看到对齐控制按钮，【分布对象】选项中可以看到分布控制按钮。

面板中，对齐对象选项中共有 6 个按钮，分别是【水平左对齐】按钮、【水平居中对齐】按钮、【水平右对齐】按钮、【垂直顶对齐】按钮、【垂直居中对齐】按钮、【垂直底对齐】按钮。

分布对象选项中也共有 6 个按钮，分别是【垂直顶分布】按钮、【垂直居中分布】按钮、【垂直底分布】按钮、【水平左分布】按钮、【水平居中分布】按钮、【水平右分布】按钮。

中文版 Illustrator CC 平面设计实用教程

知识点

用来对齐的基准对象是由创建的顺序或选择顺序决定的。如果框选对象，则会使用最后创建的对象为基准。如果通过多次选择单个对象来选择对齐对象组，则最后选定的对象将成为对齐其他对象的基准。

1. 调整对齐依据

在 Illustrator 中可以对对齐依据进行设置，这里提供了【对齐所选对象】、【对齐关键对象】、【对齐面板】3 种对齐依据，如图 3-27 所示，设置不同的对齐依据得到的对齐或分布效果也各不相同。

- 对齐所选对象：使用该选项可以将所有选定对象进行对齐或分布。
- 对齐关键对象：使用该选项可以相对于一个对象进行对齐或分布。在对齐之前首先需要使用选择工具，单击要用作关键对象的对象，关键对象周围出现一个轮廓。然后单击与所需的对齐或分布类型对应的按钮即可。
- 对齐画板：选择要对齐或分布的对象在对齐依据中选择该选项，然后单击所需的对齐或分布类型的按钮，即可将所选对象按照当前的画板进行对齐或分布。

图 3-26 【对齐】面板

图 3-27 对齐依据选项

2. 按照特定间距分布对象

在 Illustrator 中，可用对象路径之间的精确距离来分布对象。选择要分布的对象，在【对齐】面板中的【分布间距】文本框中输入要在对象之间显示的间距量。如果未显示【分布间距】选项，则在【对齐】面板菜单中选择【显示选项】命令。使用【选择】工具选中要在其周围分布其他对象的路径，选中的对象将在原位置保持不动，然后单击【垂直分布间距】按钮或【水平分布间距】按钮。

【例 3-3】在 Illustrator 中，使用【对齐】面板排列分布对象。

(1) 选择菜单栏中的【文件】|【打开】命令，在【打开】对话框中选择打开图形文档，并选择【窗口】|【对齐】命令，显示【对齐】面板，如图 3-28 所示。

(2) 选择工具箱中的【选择】工具，框选第一排图形，在【对齐】选项中选择【对齐所选对象】选项，然后在【对齐】面板中单击【垂直居中对齐】按钮，即可将选中的图形对象垂直居中对齐，如图 3-29 所示。

图 3-28　打开图形文档　　　　　　　　　　图 3-29　垂直居中对齐

(3) 使用【选择】工具选中图形，在【对齐】面板中设置【对齐】选项为【对齐关键对象】，并单击中间的图形对象，将其设置为关键对象，然后单击【垂直顶对齐】按钮，如图 3-30 所示。

图 3-30　垂直顶对齐

(4) 在【对齐】面板指定间距值为 30mm，单击【水平间距分布】按钮，即可将图形对象水平居中分布，如图 3-31 所示。

图 3-31　水平居中分布

③.4　图层的使用

在使用 Illustrator 绘制图形时，使用图层可以快捷有效地管理图形对象。

③.4.1　使用【图层】面板

选择【窗口】|【图层】命令，可以打开【图层】面板，如图 3-32 所示。默认情况下，每个新建的文档都包含一个图层，而每个创建的对象都列出在该图层之下，用户可以根据需要创建新的图层。

图 3-32　【图层】面板

图层名称前的图标用于显示或隐藏图层。单击图标，不显示该图标时，选中的图层被隐藏。当图层被隐藏式，在 Illustrator CC 的绘图页面中，将不显示此图层中的图形对象，也不能对该图层进行任何图像编辑。再次单击可重新显示图层。

当图层前显示图标时，表明该图层被锁定，不能进行编辑修改操作。再次单击该图标可以取消锁定状态，可重新对该图层中所包括的各种图形元素进行编辑。

除此之外，面板底部还有 4 个功能按钮，其作用如下。

- ⊙ 【建立/释放剪切蒙版】按钮：该按钮用于创建剪切蒙版和释放剪切蒙版。
- ⊙ 【创建新子图层】按钮：单击该按钮可以建立一个新的子图层。
- ⊙ 【创建新图层】按钮：单击该按钮可以建立一个新图层，如果用鼠标拖曳一个图层到该按钮上释放，可以复制该图层。
- ⊙ 【删除所选图层】按钮：单击该按钮，可以把当前图层删除。或者把不需要的图层拖曳到该按钮上释放，也可删除该图层。

在【图层】面板菜单中选择【图层面板选项】命令，可以打开【图层面板选项】对话框。在对话框中可以设置图层在面板中的显示效果，如图 3-33 所示。

图 3-33　设置【图层面板选项】

- ⊙ 选中【仅显示图层】复选框可以隐藏【图层】面板中的路径、组和元素集。
- ⊙ 【行大小】选项可以指定行高度。
- ⊙ 【缩览图】选项可以选择图层、组和对象的一种组合，确定其中哪些项要以缩览图的预览形式显示。

③.4.2　新建图层

如果想在某个图层的上方新建图层，需要在【图层】面中单击该图层的名称以选定图层，然后直接单击【图层】面板中的【创建新图层】按钮即可，如图 3-34 所示。

若要在选定的图层内创建新子图层，可以单击【图层】面板中的【创建新子图层】按钮，如图 3-35 所示。

图 3-34　创建新图层　　　　　　　　　图 3-35　创建子图层

在【图层】面板中，每一个图层都可以自定义不同的名称以便区分。如果在创建图层时没有命名，Illustrator 会自动依照【图层 1】、【图层 2】、【图层 3】……的顺序定义图层。要编辑图层属性，用户可以双击图层名称，打开【图层选项】对话框对图层的基本属性进行修改。或在要新建图层时，选择面板菜单中的【新建图层】命令或【新建子图层】命令，打开如图 3-36 所示的【图层选项】对话框，在该对话框中可以根据参数设置新建图层。

图 3-36　【图层选项】对话框

- 名称：指定图层在【图层】面板中显示的名称。
- 颜色：指定图层的颜色设置，可以从下拉列表中选择颜色，或者双击下拉列表右侧的颜色色板以选择颜色。在指定了图层颜色之后，在该图层中绘制图形路径、创建文本框时都会采用该颜色。
- 模板：使图层称为模板图层。
- 锁定：禁止对图层进行更改。
- 显示：显示画板图层中包含的所有图稿。
- 打印：使图层中所含的图稿可供打印。
- 预览：以颜色而不是按轮廓来显示图层中包含的图稿。
- 变暗图像至：将图层中所包含的链接图像和位图图像的强度降低到指定的百分比。

【例3-4】在 Illustrator 中，为新文档创建图层和子图层。

(1) 单击【图层】面板右上角的面板菜单按钮，在弹出的菜单中选择【新建图层】命令，打开【图层选项】对话框，如图 3-37 所示。

图 3-37　打开【图层选项】对话框

(2) 在对话框的【名称】文本框中输入"空白图层"，为新建图层命名。【颜色】下拉列表中选择【橙色】，指定新建图层所用的默认颜色，然后单击【确定】按钮，如图 3-38 所示。

图 3-38　新建图层

(3) 单击【图层】面板右上角的扩展菜单按钮，在弹出的菜单中选择【新建子图层】命令，打开【图层选项】对话框，如图 3-39 所示。

(4) 在对话框的【名称】文本框中，输入"子图层1"，为新建图层命名。【颜色】下拉列表中选择【金色】，指定新建图层所用的默认颜色，然后单击【确定】按钮，如图 3-40 所示。

图 3-39　打开【图层选项】对话框

💡 提示

在【颜色】下拉列表中提供了 28 种颜色选项，如果想选择软件提供的固定颜色以外的颜色，可以在列表中选择【自定】选项，打开【颜色】对话框，可以从中选择一种自定义颜色。用户也可以双击【颜色】选项右侧的颜色框打开【颜色】对话框来选择颜色。

图 3-40　新建子图层

③.4.3　改变图层对象的显示

在处理复杂图形文档时，用户可以根据需要对操作对象进行隐藏和显示，以减少干扰因素。选择【对象】|【显示全部】命令可以显示全部对象。选择【对象】|【隐藏】命令可以在选择了需要的隐藏对象后将其隐藏。

【例 3-5】在 Illustrator 中，隐藏和显示选定的对象。

(1) 选择菜单栏中的【文件】|【打开】命令，在【打开】对话框中选择打开图形文档，并选择【窗口】|【图层】命令，显示【图层】面板，如图 3-41 所示。

(2) 在图形文档中，使用【选择】工具选中一个路径图形，然后选择菜单栏中的【对象】|【隐藏】|【所选对象】命令，或在【图层】面板中单击图层中可视按钮 👁，即可隐藏所选对象，如图 3-42 所示。

图 3-41　打开图形文档并显示【图层】面板　　　图 3-42　隐藏图形对象

(3) 选择菜单栏中的【对象】|【显示全部】命令，即可将所有隐藏的对象显示出来。

③.4.4　将对象释放到个别的图层上

【释放到图层】命令可以将一个图层的所有对象重新均分到个别的图层，也可以根据对象的堆叠顺序，在每一个图层上创建新的对象。

在【图层】面板中选取一个图层或编组。若要将各对象释放到新图层上，则在【图层】面板菜单中选择【释放到图层(顺序)】命令，如图 3-43 所示。

若要将对象释放到图层中并复制对象，以便创建累积渐增的顺序，则在【图层】面板菜单中选择【释放到图层(累积)】命令。最底层的对象会出现在每一个新图层上，而最顶端的对象只会出现在最顶端的图层中，如图3-44所示。

图 3-43 释放到图层(顺序)　　　　　　　图 3-44 释放到图层(累积)

③.4.5 收集图层

【收集到新图层中】命令会将【图层】面板中的选取对象移至新图层。

在【图层】面板中选取要移到新图层的图层，然后在面板菜单中选择【收集到新图层中】命令即可，如图3-45所示。

图 3-45 收集图层

③.4.6 合并图层

合并图层和拼合图稿的功能类似，两者都可以将对象、组和子图层合并到同一图层或组中。使用合并功能，可以选择要合并对象。使用拼合功能，则将图稿中的所有可见对象都合并到同一图层中。在【图层】面板中将要进行合并的图层同时选中，然后从面板菜单中选择【合并所选图层】命令，即可将所选图层合并为一个图层，如图3-46所示。

图 3-46 合并图层

与合并图层不同，拼合图稿功能能够将当前文件中的所有图层拼合到指定的图层中。选择即将合并的图层，然后在面板菜单中选择【拼合图稿】命令即可，如图3-47所示。

图 3-47 拼合图稿

3.4.7 选取图层中的对象

若要选中图层中的某个对象，只需展开一个图层，并找到要选中的对象，单击该对象即可将其选中。也可以使用【选择】工具，在画板上单击相应的对象，如图 3-48 所示。

若要将一个图层中的所有对象同时选中，在【图层】面板中单击相应图层右侧的 ○ 标记，可以将该图层中所有的对象同时选中，如图 3-49 所示。

图 3-48 选中对象 　　　　　　图 3-49 选中图层中所有对象

3.4.8 使用【图层】面板复制对象

使用【图层】面板可快速复制图层、组或者对象。在【图层】面板中选择要复制的对象，然后在面板中将其拖动到面板底部的【新建图层】按钮上释放即可，如图 3-50 所示。也可以在【图层】面板菜单中选择【复制图层】命令。

图 3-50 复制图层

3.4.9 改变对象的堆叠顺序

位于【图层】面板顶部的图稿在堆叠顺序中位于前面，而位于【图层】面板底部的图稿在堆叠顺序中位于后面。同一图层中的对象也是按结构进行堆叠的。用户还可以在【图层】面板中选中多个图层对象后，选择面板菜单中的【反向顺序】命令，即可反向调整所选图层顺序。

在【图层】面板中，选中需要调整位置的图层，按住鼠标拖动图层到适当的位置，当出现黑色插入标记时，放开鼠标即可完成图层的移动，如图 3-51 所示。使用该方法同样可以调整图层内对象的堆叠顺序。

图 3-51　调整图层堆叠顺序

【例 3-6】在 Illustrator CC 中，改变打开图形文档的图层顺序。

(1) 选择菜单栏中的【文件】|【打开】命令，选择打开如图 3-52 所示的图形文档。

图 3-52　打开图形文档

(2) 在【图层】面板中选择需要调整的图层，将其直接拖放到合适的位置释放，即可调整图层顺序，同时文档中的对象也随之变化，如图 3-53 所示。

图 3-53　调整图层顺序

(3) 在【图层】面板中，按住 Shift 键选中多个图层，单击【图层】面板右上角的小三角按钮，在打开的控制菜单中选择【反向顺序】命令，即可将选中的图层按照反向的顺序排列，同时也改变文档中对象的排列顺序，如图 3-54 所示。

图 3-54　反向顺序

③.5 上机练习

本章上机练习通过制作促销宣传单和网页效果，使用户更好地巩固和掌握本章所学知识。

③5.1 制作促销宣传单

本上机练习通过制作促销宣传单，使用户更好地掌握本章所介绍的编辑对象的操作方法和技巧。

(1) 选择【文件】|【新建】命令，打开【新建文档】对话框。在对话框的【大小】下拉列表中选择 A4，然后单击【确定】按钮，如图 3-55 所示。

(2) 选择【矩形】工具，在新创建的文档中绘制与画板同样大的矩形，并在【渐变】面板中设置【类型】为【径向】，填充渐变色为白色至 K=40 的渐变色，然后使用【渐变】工具调整渐变填充效果，如图 3-56 所示。

图 3-55 新建文档

图 3-56 绘制矩形(1)

(3) 选择【矩形】工具在画板的顶部和底部分别绘制两个矩形，并在【颜色】面板中设置填充色为 C=27 M=100 Y=100 K=0，如图 3-57 所示。

(4) 在【图层】面板中，单击【创建新图层】按钮新建【图层 2】，并锁定【图层 1】。继续使用【矩形】工具绘制一个矩形，如图 3-58 所示。

图 3-57 绘制矩形(2)

图 3-58 绘制矩形(3)

(5) 使用【矩形】工具绘制一个矩形,在【渐变】面板中设置【类型】为【径向】,填充渐变色为白色至 C=6 M=95 Y=88 K=40 的渐变色,然后使用【渐变】工具调整渐变填充效果,如图 3-59 所示。

(6) 选择【选择】工具,按 Ctrl+C 组合键复制对象,按 Ctrl+V 组合键粘贴,并调整其位置,然后在【变换】面板中设置【旋转】为 180°,如图 3-60 所示。

图 3-59 绘制矩形(4)　　　　　　　　　图 3-60 复制、调整对象

(7) 使用【选择】工具选中步骤(4)至步骤(6)中创建的矩形,按 Ctrl+G 组合键进行编组,如图 3-61 所示。

(8) 选择【文件】|【置入】命令,打开【置入】对话框。在对话框中选择需要置入的图片,然后单击【置入】按钮,如图 3-62 所示。

图 3-61 编组对象　　　　　　　　　　图 3-62 置入图像

(9) 调整置入图片的大小、位置,并单击控制面板中的【嵌入】按钮,然后按 Ctrl 键选中步骤(7)中创建的编组对象,按 Ctrl+G 组合键进行编组,如图 3-63 所示。

图 3-63 编组对象

(10) 使用步骤(4)至步骤(7)的操作方法，绘制、置入图像并进行编组，如图 3-64 所示。

(11) 选中 4 个编组对象，按 Ctrl+G 组合键进行编组，然后在控制面板中单击【对齐画板】按钮，再单击【水平居中对齐】按钮，如图 3-65 所示。

图 3-64　创建图像　　　　　　　　　　　　图 3-65　编组对象

(12) 按 Ctrl+2 组合键锁定刚编组的对象。选择【文字】工具，在【字符】面板中设置字体为【方正大黑_GBK】，字体大小为 17pt，然后在画板中分别输入文字内容，如图 3-66 所示。

图 3-66　输入文字(1)

(13) 在【字符】面板中设置字体为【方正粗圆_GBK】，字体大小为 17pt，然后在画板中输入文字内容，并单击控制面板中【右对齐】按钮，如图 3-67 所示。

(14) 在【字符】面板中设置字体为【方正综艺_GBK】，字体大小为 17pt，然后在画板中输入文字内容，如图 3-68 所示。

图 3-67　输入文字(2)　　　　　　　　　　图 3-68　输入文字(3)

(15) 在【颜色】面板中设置字体颜色为 C=27 M=100 Y=100 K=0，如图 3-69 所示。

(16) 使用【选择】选中文字，并在【颜色】面板中设置字体颜色为白色。然后按 Ctrl+C 组合键复制文字，按 Ctrl+B 组合键将文字粘贴在下一层，并在【描边】面板中设置【粗细】为 10pt，在【颜色】面板中设置 C=40 M=100 Y=100 K=0，如图 3-70 所示。

图 3-69　设置颜色　　　　　　　　　　图 3-70　复制、调整文字

(17) 在【字符】面板中设置字体为【方正黑体_GBK】，字体大小为 19pt，然后在画板中输入文字内容，如图 3-71 所示。

图 3-71　输入文字(1)

(18) 在【字符】面板中设置字体为【方正综艺_GBK】，字体大小为 17pt，然后在画板中输入文字内容，在【颜色】面板中设置字体颜色为 C=27 M=100 Y=100 K=0，如图 3-72 所示。

(19) 按 Ctrl+C 组合键复制文字，按 Ctrl+B 组合键将文字粘贴在下一层，并在【描边】面板中设置【粗细】为 15pt，在【颜色】面板中设置描边色为白色，如图 3-73 所示。

图 3-72　输入文字(2)　　　　　　　　　　图 3-73　复制、调整文字

(20) 在【图层】面板中，选中步骤(12)至步骤(15)中创建的文字图层，在面板命令菜单中选择【收集到新图层中】命令，新建【图层 3】，如图 3-74 所示。

图 3-74 收集图层

3.5.2 制作网页效果

本章的上机练习是设计网页，使用户更好地掌握图层、剪切蒙版在编辑操作中的基本操作方法和应用技巧。

(1) 选择【文件】|【新建】命令，打开【新建文档】对话框。在对话框中设置【单位】为【像素】，【宽度】和【高度】数值为 800px，然后单击【确定】按钮新建文档，如图 3-75 所示。

(2) 选择【矩形】工具在画板中拖动绘制与画板同样大的矩形，并在渐变面板中设置渐变色，如图 3-76 所示。

图 3-75 新建文档　　　　　　　图 3-76 绘制图形

(3) 继续使用【矩形】工具在画板中拖动绘制矩形，并设置填充色为黑色，如图 3-77 所示。

(4) 双击【图层】面板中【图层 1】名称，修改其名称为"底色"，并锁定图层，如图 3-78 所示。

(5) 单击【图层】面板菜单按钮，在弹出的菜单中选择【新建图层】命令，打开【图层选项】对话框。在对话框的【名称】文本框中输入"网站导航"，然后单击【确定】按钮新建图层，如图 3-79 所示。

图 3-77　绘制矩形

图 3-78　修改、锁定图层

（6）选择【文字】工具，按 Ctrl+T 组合键打开【字符】面板，设置字体样式为 Berlin Sans FB Bold，字体大小为 30pt，如图 3-80 所示。

图 3-79　新建图层

图 3-80　输入文字

（7）使用【文字】工具分别选中两个单词，在【色板】面板中单击【白色】和【CMYK 洋红】色板设置文字颜色。然后选择【效果】|【风格化】|【投影】命令，打开【投影】对话框。在对话框中设置【不透明度】为 70%，【X 位移】和【Y 位移】为 4px，【模糊】为 0px，然后单击【确定】按钮，如图 3-81 所示。

图 3-81　应用投影

（8）选择【圆角矩形】工具在画板中单击打开【圆角矩形】对话框。在对话框中设置【宽度】为 160px，【高度】为 24px，【圆角半径】为 160px，然后单击【确定】按钮，并在【渐变】面板中设置描边色为白色，填充色为 C=0 M=35 Y=85 K=0 至 C=0 M=90 Y=85 K=0，角度为 90°，如图 3-82 所示。

图 3-82　绘制图形(1)

(9) 选择【钢笔】工具绘制如图 3-83 所示的图形，并在【颜色】面板中设置填充色为白色。

(10) 选择【圆角矩形】工具在画板中拖动绘制如图 3-84 所示的图形。

图 3-83　绘制图形(2)

图 3-84　绘制圆角矩形

(11) 选择【文字】工具，在【字符】面板中设置字体为 Arial Narrow Bold，字体大小为 14pt，然后输入文字内容，如图 3-85 所示。

图 3-85　输入文字

(12) 使用【选择】工具选中步骤(8)至步骤(11)创建的对象，按 Ctrl+G 组合键编组对象。双击【图层】面板中<编组>子图层名称，并修改其名称，如图 3-86 所示。

(13) 选择【文件】|【置入】命令，打开【置入】对话框。在对话框中，选择需要置入的图像，然后单击【置入】按钮，如图 3-87 所示。

(14) 选择【矩形】工具在画板中单击，打开【矩形】对话框。在对话框中设置【宽度】为800px，【高度】为 455px，然后单击【确定】按钮创建矩形，如图 3-88 所示。

图 3-86　修改子图层　　　　　　　　图 3-87　置入图像

(15) 使用【选择】工具选中置入图像和绘制的矩形，右击鼠标，在弹出的菜单中选择【建立剪切蒙版】命令，如图 3-89 所示。

图 3-88　创建矩形　　　　　　　　图 3-89　建立剪切蒙版

(16) 使用步骤(13)至步骤(15)中相同操作方法置入其他图片，如图 3-90 所示。

(17) 选择【文字】工具，在【字符】面板中设置字体样式为【方正大黑_GBK】，字体大小为 30pt，然后输入文字内容，如图 3-91 所示。

图 3-90　置入图片　　　　　　　　图 3-91　输入文字

(18) 使用步骤(17)中相同操作方法输入其他文字，使用【选择】工具选中文字，并单击【对齐】面板中的【垂直底对齐】按钮，如图 3-92 所示。

图 3-92　输入并对齐文字

(19) 使用【选择】工具选中文字和图片，单击【对齐】面板中的【水平居中对齐】按钮，并按 Ctrl+G 组合键进行编组。使用相同的操作方法调整其他文字和图片位置，并进行编组，如图 3-93 所示。

图 3-93　对齐、编组对象

(20) 使用【选择】工具选中三个编组对象，在【对齐】面板的【对齐】选项中选择【对齐画板】选项，并单击【水平居中分布】按钮，如图 3-94 所示。

图 3-94　对齐对象

(21) 选择【文字】工具在画板中拖动创建文本框，输入文字内容后，按 Esc 键结束。然后在【字符】面板中设置字体样式为【方正黑体_GBK】，字体大小为 12pt。在【段落】面板中，单击【两端对齐，末行左对齐】按钮，设置【首行左缩进】为 25pt，设置【避头尾集】为【严格】，如图 3-95 所示。

图 3-95　输入文字(1)

(22) 使用步骤(21)相同操作方法，输入其他文字内容，如图 3-96 所示。

计算机 基础与实训教材系列

(23) 打开【图层】面板菜单，选择【新建子图层】命令。在打开的【图层选项】对话框中的【名称】文本框中输入"导航栏"，然后单击【确定】按钮新建子图层，如图3-97所示。

图3-96　输入文字(2)　　　　　　　　　　图3-97　创建子图层

(24) 选择【圆角矩形】工具在画板中拖动绘制圆角矩形，并在【渐变】面板中设置渐变为K=5至K=40的渐变，角度为-90°，如图3-98所示。

(25) 选择【文字】工具，在【字符】面板中设置字体为【方正黑体_GBK】，字体大小为12pt，并设置文字颜色为C=0 M=0 Y=0 K=85，然后在圆角矩形条上输入文字内容，如图3-99所示。

图3-98　绘制圆角矩形　　　　　　　　　图3-99　输入导航栏文字

(26) 使用【选择】工具选中文字，并在【对齐】面板的【对齐】选项中选择【对齐所选对象】选项，并单击【水平居中分布】按钮，如图3-100所示。

(27) 选择【椭圆】工具在画板中拖动创建椭圆形，在【渐变】面板中设置【类型】为【径向】，渐变颜色为黑色至透明渐变，然后使用【渐变】工具调整渐变效果，如图3-101所示。

图3-100　分布文字　　　　　　　　　　图3-101　绘制椭圆形

(28) 多次按 Ctrl+[组合键将绘制的椭圆形移至步骤(24)绘制的圆角矩形下方，并按 Ctrl+Alt+Shift 组合键移动并复制椭圆形，并在【透明度】面板中设置混合模式为【正片叠底】，如图 3-102 所示。

(29) 在【图层】面板中按 Alt 键单击【创建新子图层】按钮，打开【图层选项】对话框。在打开的【图层选项】对话框中的【名称】文本框中输入"登录"，然后单击【确定】按钮，如图 3-103 所示。

图 3-102　调整图形

图 3-103　新建子图层

(30) 选择【圆角矩形】工具在画板中单击，打开【圆角矩形】对话框。在对话框中设置【宽度】为 144px，【高度】为 193px，【圆角半径】为 6px，然后单击【确定】按钮，并在【渐变】面板中设置渐变为 K=5 至 K=40 的渐变，角度为-90°，如图 3-104 所示。

图 3-104　绘制圆角矩形

(31) 在【颜色】面板中设置描边色为 K=50，在【描边】面板中设置【粗细】为 1pt，如图 3-105 所示。

(32) 选择【钢笔】工具绘制图形，并在【渐变】面板中设置填充渐变色，如图 3-106 所示。

图 3-105　设置描边

图 3-106　绘制图形

(33) 选择【效果】|【风格化】|【投影】命令，打开【投影】对话框。在对话框中，设置【不透明度】为 70%，【X 位移】和【Y 位移】为 4px，【模糊】为 6px，然后单击【确定】按钮，如图 3-107 所示。

图 3-107　应用投影

(34) 使用【钢笔】工具绘制图形，按 Ctrl+[组合键下移一层，并在【渐变】面板中设置渐变效果，如图 3-108 所示。

(35) 选择【文字】工具在【字符】面板中设置字体样式为【方正大黑_GBK】，字体大小为 36pt，输入文字内容，如图 3-109 所示。

图 3-108　绘制图形　　　　　　　　　　　　图 3-109　输入文字

(36) 选择【效果】|【风格化】|【投影】命令，在对话框中设置【不透明度】为 70%，【X 位移】和【Y 位移】为 3px，【模糊】为 0px，然后单击【确定】按钮。并使用【选择】工具旋转调整文字角度，如图 3-110 所示。

图 3-110　应用投影

(37) 使用【文字】工具在画板中输入文字，并在【字符】面板中设置字体样式为【方正黑体_GBK】，字体大小为 15pt，行距为 20pt，如图 3-111 所示。

(38) 选择【圆角矩形】工具绘制圆角矩形，并按 Shift+X 组合键互换填充和描边色，如图 3-112 所示。

图 3-111　输入文字　　　　　　　　　　　　图 3-112　绘制圆角矩形

(39) 在【渐变】面板中设置渐变色为白色至 K=40，角度为 90°，然后使用【选择】工具按 Ctrl+Alt+Shift 组合键移动并复制，如图 3-113 所示。

图 3-113　移动复制图形

(40) 使用【选择】工具选中步骤(37)中创建的文字，选择【效果】|【风格化】|【投影】命令，打开【投影】对话框。在对话框中设置【模式】为【正常】，【不透明度】为 100%，【X位移】为-1px，【Y 位移】为 1px，【模糊】为 0px，然后单击【确定】按钮，如图 3-114 所示。

(41) 选择【圆角矩形】绘制圆角矩形，在【颜色】面板中设置描边色为 K=30，并在【渐变】面板中设置渐变为 K=40 至 K=0 的渐变，角度为 90°，如图 3-115 所示。

(42) 按 Ctrl+C 组合键，按 Ctrl+F 组合键。选择【钢笔】工具绘制图形。使用【选择】工具选中步骤(41)中绘制的圆角矩形和刚绘制的图形，单击【路径查找器】面板中的【减去顶层】按钮，如图 3-116 所示。

计算机 基础与实训教材系列

图 3-114　应用投影 　　　　　　　　　　　图 3-115　绘制图形

图 3-116　创建、编辑图形(1)

(43) 按 Ctrl+C 组合键复制刚编辑过的图形，按 Ctrl+F 组合键粘贴。选择【矩形】工具绘制一个矩形。使用【选择】工具选中刚复制的图形和矩形，单击【路径查找器】面板中的【减去顶层】按钮，如图 3-117 所示。

图 3-117　创建、编辑图形(2)

(44) 保持图形对象的选中，在【颜色】面板中设置填充色为 C=0 M=75 Y=100 K=0，如图 3-118 所示。

图 3-118　设置填充色

(45) 选中步骤(42)中所创建的图形，然后在【渐变】面板中为其设置填充渐变色，如图 3-119 所示。

图 3-119　填充渐变

(46) 使用【文字】工具在画板中输入文字，并在【字符】面板中设置字体样式为【方正大黑_GBK】，字体大小为 15pt，如图 3-120 所示。

图 3-120　输入文字

(47) 选择【钢笔】工具绘制在画板中绘制箭头图形，并在【颜色】面板中设置填充色为白色，如图 3-121 所示。

(48) 选择【椭圆】工具在画板中拖动创建椭圆形，在【渐变】面板中设置【类型】为【径向】，渐变颜色为黑色至透明渐变，然后使用【渐变】工具调整渐变效果，如图 3-122 所示。

图 3-121　绘制图形(1)　　　　　　　　　　图 3-122　绘制图形(2)

(49) 保持刚绘制的椭圆形的选中状态，多次按 Ctrl+[组合键将绘制的椭圆形下移至步骤(30)中创建的圆角矩形下方，并使用【选择】工具按 Ctrl+Alt+Shift 组合键移动并复制椭圆形，并在【透明度】面板中设置混合模式为【正片叠底】，如图 3-123 所示。

图 3-123　移动、复制图形

3.6　习题

计算机 基础与实训教材系列

1. 打开如图 3-124 所示图形对象，并利用【对齐】面板练习对象的对齐与分布操作。
2. 打开如图 3-125 所示图形对象，并利用【图层】面板练习编组、排列图形对象。

图 3-124　图形对象(1)　　　　　　　　　　図 3-125　图形对象(2)

第4章

图形的编辑

学习目标

Illustrator 中提供了一些用于图形对象变换的工具及相应命令，可以对图形进行移动、旋转、镜像、缩放、倾斜等操作。

本章重点

- ◉ 改变形状工具及其相关面板
- ◉ 即时变形工具的使用
- ◉ 封套扭曲
- ◉ 蒙版

4.1 改变形状工具及其相关面板

在图形软件中，改变形状工具的使用频率非常高。用户除了可以使用菜单中的变形命令之外，工具箱中还常备了【旋转】工具、【比例缩放】工具、【镜像】工具、【倾斜】工具以及【整形】工具等改变形状的工具。

4.1.1 【旋转】工具

在 Illustrator 中，用户可以直接使用【旋转】工具旋转对象，还可以使用【对象】|【变换】|【旋转】命令，或双击【旋转】工具，打开【旋转】对话框准确设置旋转选中对象的角度，并且可以复制选中对象。

【例 4-1】在 Illustrator 中，使用工具或命令旋转选中图形对象。

(1) 在工具箱中选择【选择】工具，单击选中需要旋转的对象，然后将光标移动到对象的定界框手柄上，待光标变为弯曲的双向箭头形状 ↰ 时，拖动鼠标即可旋转对象，如图 4-1 所示。

图 4-1　使用【选择】工具旋转对象

(2) 使用【选择】工具选中对象后，选择工具箱中的【旋转】工具，然后单击文档窗口中的任意一点，以重新定位参考点，将光标从参考点移开，并拖动光标作圆周运动，如图 4-2 所示。

图 4-2　使用【旋转】工具

(3) 选择对象后，选择菜单栏中的【对象】|【变换】|【旋转】命令，或双击【旋转】工具打开【旋转】对话框，在【角度】文本框中输入旋转角度45°。输入负的角度可顺时针旋转对象，输入正角度可逆时针旋转对象。单击【确定】，或单击【复制】以旋转并复制对象，如图 4-3 所示。

提示

如果对象包含图案填充，同时选中【图案】复选框以旋转图案。如果只想旋转图案，而不想旋转对象，取消选择【对象】复选框。

图 4-3　设置【旋转】对话框

计算机基础与实训教材系列

④.1.2　【比例缩放】工具

【比例缩放】工具可随时对 Illustrator 中的图形进行缩放，用户不但可以在水平或垂直方向放大和缩小对象，还可以同时在两个方向上对对象进行整体缩放，其操作方法与【旋转】工具类似。

如果要精确控制缩放的角度，在工具箱中选择【比例缩放】工具后，按住 Alt 键，然后在画板中单击鼠标，或双击工具箱中的【比例缩放】工具打开【比例缩放】对话框，如图 4-4 所示。当选中【等比】单选按钮时，可在【比例缩放】文本框中输入百分比。当选中【不等比】单选按钮时，在下面会出现两个选项，可分别在【水平】和【垂直】文本框中输入水平和垂直的缩放比例。如果选中【预览】复选框就可以看到页面中图形的变化。

图 4-4　【比例缩放】对话框

提示

如果图形有描边或效果，并且描边或效果也要同时缩放，则可选中【比例缩放描边和效果】复选框。

计算机基础与实训教材系列

【例 4-2】在 Illustrator 中，使用工具或命令缩放选中的图形对象。

(1) 选择菜单栏中的【文件】|【打开】命令，在【打开】对话框中打开图形文档，如图 4-5 所示。

(2) 默认情况下，描边和效果不能随对象一起缩放。要缩放描边和效果，选择菜单栏中的【编辑】|【首选项】|【常规】命令，在打开的【首选项】对话框中选中【缩放描边和效果】复选框，然后单击【确定】按钮，如图 4-6 所示。

图 4-5　打开图形文档

图 4-6　设置首选项

(3) 选择工具箱中【选择】工具，单击选中图形对象，然后选择【缩放】工具，使用鼠标单击文档窗口中要作为参考点的位置，然后将光标在文档中拖动即可缩放，如图 4-7 所示。若要在对象进行缩放时保持对象的比例，在对角拖动时按住 Shift 键。若要沿单一轴缩放对象，在垂直或水平拖动时按住 Shift 键。

图 4-7　使用【缩放】工具缩放

4.1.3　【镜像】工具

使用【镜像】工具可以按照镜像轴旋转图形。选择图形后，使用【镜像】工具在页面中单击确定镜像旋转的轴心，然后按住鼠标左键拖动，图形对象就会沿对称轴做镜像旋转。也可以按住 Alt 键在页面中单击，或双击【镜像】工具，打开【镜像】对话框精确定义对称轴的角度镜像对象。

【例 4-3】在 Illustrator 中，使用工具和命令翻转对象。

(1) 选择菜单栏中的【文件】|【打开】命令，在【打开】对话框中选择打开图形文档。

(2) 选择工具箱中【选择】工具，单击选中图形对象，然后选择【自由变换】工具，拖动定界框的手柄，使其水平翻转，直至对象位于所需的镜像位置，如图 4-8 所示。若要维持对象的比例，在拖动定界框的手柄时，按住 Shift 键。

图 4-8　使用【自由变换】工具翻转对象

(3) 使用【选择】工具选择对象后，选择工具箱中的【镜像】工具，在文档中任何位置单击，以确定轴上的参考点。当光标变为黑色箭头时，即可拖动对象进行翻转操作，如图 4-9 所示。按住 Shift 键拖动鼠标，可限制角度保持 45°。当镜像轮廓到达所需位置时，释放鼠标左键即可。

(4) 使用【选择】工具选择对象后，接着选择【镜像】工具，在文档中任何位置单击，以确定轴上的参考点，再次单击以确定不可见轴上的第二个参考点，所选对象会以所定义的轴为轴进行翻转，如图 4-10 所示。

图 4-9　使用【镜像】工具

(5) 使用【选择】工具选择对象后，右击鼠标，在弹出的菜单中选择【变换】|【对称】命令，在打开的【镜像】对话框中，输入角度80°，单击【复制】按钮，即可将所选对象进行翻转并复制，如图 4-11 所示。

图 4-10　按定义轴翻转

图 4-11　使用【对称】命令

4.1.4　【倾斜】工具

【倾斜】工具 ⬜ 可以使图形发生倾斜。选择图形后，使用【倾斜】工具在页面中单击确定倾斜的固定点，然后按住鼠标左键拖动即可倾斜变形图形。倾斜的中心点不同，倾斜的效果也不同。拖曳的过程中，按住 Alt 键可以倾斜并复制图形对象。

如果要精确定义倾斜的角度，则按住 Alt 键在画板中单击，或双击工具箱中的【倾斜】工具打开【倾斜】对话框。在对话框的【倾斜角度】文本框中，可输入相应的角度值。在【轴】选项组中有 3 个选项，分别为【水平】、【垂直】和【角度】。当选中【角度】单选按钮后，可在后面的文本框中输入相应的角度值。

【例4-4】在 Illustrator 中，使用工具或命令倾斜对象。

(1) 选择菜单栏中的【文件】|【打开】命令，在【打开】对话框中选择打开图形文档。

(2) 使用【选择】工具选择对象，接着选择工具箱中的【倾斜】工具，在文档窗口中的任意位置向左或向右拖动，即可沿对象的水平轴倾斜对象，如图 4-12 所示。

(3) 使用【选择】工具选中对象后，双击工具箱中的【倾斜】工具，打开【倾斜】对话框。在对话框中设置【倾斜角度】为45°，选中【水平】单选按钮，单击【复制】按钮即可倾斜并复制所选对象，如图 4-13 所示。

图 4-12 垂直轴倾斜

图 4-13 倾斜并复制对象

④.1.5 【整形】工具和【自由变换】工具

【整形】工具 可以在保持图形形状的同时移动锚点。如果要同时移动几个锚点，按住 Shift 键的同时继续选择，此时使用【整形】工具在页面中拖曳，被选中的锚点也随着移动，而其他锚点位置保持不变，如图 4-14 所示。如果此时使用【整形】工具在路径上单击，则路径上就会出现新的曲线锚点。

图 4-14 使用【整形】工具

使用【自由变换】工具 可以自由的旋转、缩放图形对象。在使用【自由变换】工具前需要用【选择】工具选中需要变形的图形，然后将鼠标光标移动到图形定界框上出现↔手柄或↕手柄可以垂直或水平方向上缩放图形，显示↖手柄时按下 Shift 键可以保持原有的比例进行缩放，按下 Alt 键拖动可以从边框向中心进行缩放。光标形状变为↻之后再拖动鼠标旋转对象，如图 4-15 所示。

图 4-15　使用【自由变换】工具

④.1.6　【变换】面板

使用【变换】面板同样可以移动、缩放、旋转和倾斜图形，选择【窗口】|【变换】命令，可以打开【变换】面板，如图 4-16 所示。

图 4-16　【变换】面板

面板的【宽】、【高】数值框里的数值分别表示图形的宽度和高度，改变这两个数值框中数值，图形的大小也会随之发生变化。面板底部的两个数值框分别表示旋转角度值和倾斜的角度值，在这两个数值框中输入数值，可以旋转和倾斜选中的图形对象。面板中间会根据当前选取图形对象显示其属性设置选项。

【例4-5】在 Illustrator 中，使用【变换】面板调整图形对象。

(1) 使用【选择】工具选中图形对象后，选择菜单栏中的【窗口】|【变换】命令，显示【变换】面板。在【变换】面板中，单击面板中的参考点定位器 上的一个白方块，使对象围绕其参考点旋转，并在【角度】选项中输入旋转角度30°，如图 4-17 所示。

图 4-17　使用【变换】面板

(2) 在【变换】面板中，单击锁定比例按钮 保持对象的比例。单击参考点定位器 上的白色方框，更改缩放参考点。然后在【宽】和【高】框中输入新值，即可缩放对象如图 4-18 所示。

图 4-18　使用【变换】面板缩放对象

(3) 在【变换】面板的【倾斜】文本框中输入一个值，即可倾斜对象，如图 4-19 所示。

图 4-19　使用【变换】面板倾斜对象

在 Illustrator 中，还可以进行重复的变换操作，软件会默认所有的变换设置，直到选择不同的对象或指向不同的任务为止。选择【对象】|【变换】|【再次变换】命令时，还可以对对象进行变形复制操作，可以按照一个相同的变形操作复制一系列的对象。

选中多个对象时，如果直接进行变换操作，则是将所选对象作为一个整体进行变换，而用【分别变换】命令则可以对所选的对象以各自中心点进行分别变换。选择【对象】|【变换】|

【分别变换】命令，打开【分别变换】对话框中可以对【缩放】、【移动】【旋转】等参数进行设置，如图 4-20 所示。

图 4-20 分别变换

4.2 即时变形工具的使用

Illustrator 中的即时变形工具可以使文字、图像和其他物体的交互变形变得轻松。这些工具的使用和 Photoshop 中的涂抹工具类似。不同的是，使用涂抹工具得到的结果是颜色的延伸，而即时变形工具可以实现从扭曲到极其夸张的变形。

4.2.1 【宽度】工具

【宽度】工具 可以创建可变宽笔触并将宽度变量保存为可应用到其他笔触的配置文件。使用【宽度】工具滑过一个笔触时，控制柄将出现在路径上，可以调整笔触宽度、移动宽度点数、复制宽度点数和删除宽度点数，如图 4-21 所示。使用【宽度】工具可以把单一的线条描绘成富于变化的线条，以表达更加丰富的插画效果。

图 4-21 使用【宽度】工具

用户可以使用【宽度点数编辑】对话框创建或修改宽度点数。使用【宽度】工具双击笔触，可以在打开的【宽度点数编辑】对话框中编辑宽度点数的值，如图 4-22 所示。

图 4-22　【宽度点数编辑】对话框

知识点

在【宽度点数编辑】对话框中，如果选中【调整邻近的宽度点数】复选框，则对已选宽度点数的更改将同样影响邻近的宽度点数。

4.2.2　【变形】工具

【变形】工具 能够使对象的形状按照鼠标拖曳的方向产生自然的变形，从而可以自由地变换基础图形，如图 4-23 所示。双击工具箱中的【变形】工具，可以打开【变形工具选项】对话框，如图 4-24 所示。

图 4-23　使用【变形】工具

图 4-24　【变形工具选项】对话框

- 【宽度】：用于设置变形工具画笔水平方向的直径。
- 【高度】：用于设置变形工具画笔垂直方向的直径。
- 【角度】：用于设置变形工具画笔的角度。
- 【强度】：用于设置变形工具的画笔按压的力度。
- 【细节】：用于设置变形工具得以应用的精确程度，设置范围是 1～10，数值越高，表现得越细致。
- 【简化】：用于设置变形工具得以应用的简单程度，设置范围是 0.2～100。
- 【显示画笔大小】：选中该复选框就会显示应用相应设置的画笔形状。

4.2.3 【旋转扭曲】工具

【旋转扭曲】工具能够使对象形成涡旋的形状。该工具的使用方法很简单，只要选择该工具，然后在想要变形的部分单击，单击的范围就会产生涡旋。也可以持续按住鼠标左键，按住的时间越长，涡旋的程度就越强，如图 4-25 所示。

图 4-25 使用【旋转扭曲】工具

双击【旋转扭曲】工具，打开【旋转扭曲工具选项】对话框。对话框中的各选项设置和【变形】工具类似。

4.2.4 【缩拢】工具

【缩拢】工具能够使对象的形状产生收缩的效果。【缩拢】工具和【旋转扭曲】工具的使用方法相似，只要选择该工具，然后在想要变形的部分单击，单击的范围就会产生缩拢。也可以持续按住鼠标左键，按住的时间越长，缩拢的程度就越强，如图 4-26 所示。

双击【缩拢】工具，打开【收缩工具选项】对话框。对话框中的各选项设置和【变形】工具类似。

4.2.5 【膨胀】工具

【膨胀】工具的作用与【缩拢】工具的作用刚好相反，【膨胀】工具能够使对象的形状产生膨胀的效果。只要选择该工具，然后在想要变形的部分单击，单击的范围就会产生膨胀。也可以持续按住鼠标左键，按住时间越长，膨胀的程度就越强，如图 4-27 所示。

图 4-26 缩拢   图 4-27 膨胀

计算机 基础与实训教材系列

双击【膨胀】工具，打开【膨胀工具选项】对话框。对话框中的各选项设置和【变形】工具类似。

4.2.6 【扇贝】工具

【扇贝】工具 能够使对象表面产生贝壳外表波浪起伏的效果。选择该工具，然后在想要变形的部分单击，单击的范围就会产生波纹效果。也可以持续按住鼠标左键，按住的时间越长，波动的程度就越强，如图 4-28 所示。

4.2.7 【晶格化】工具

【晶格化】工具 的作用和【扇贝】工具相反，它能够使对象表面产生尖锐外凸的效果。选择该工具，然后在想要变形的部分单击，单击的范围就会产生尖锐的凸起效果。也可以持续按住鼠标左键，按住的时间越长，凸起的程度就越强，如图 4-29 所示。

图 4-28　扇贝　　　　　　　　　　　　　　图 4-29　晶格化

4.2.8 【褶皱】工具

【褶皱】工具 用来制作不规则的波浪，是改变对象形状的工具。选择该工具，然后在想要变形的部分单击，单击的范围就会产生波浪。也可以持续按住鼠标左键，按住的时间越长，波动的程度就越强烈，如图 4-30 所示。

图 4-30　褶皱

4.3 封套扭曲

封套扭曲是对选定对象进行扭曲和改变形状的工具。用户可以利用画板上的对象来制作封套，或者使用预设的变形形状或网格作为封套。可以在任何对象上使用封套，但图标、参考线和链接对象除外。

4.3.1 用变形建立

【用变形建立】命令可以通过预设的形状创建封套。选中图形对象后，选择【对象】|【封套扭曲】|【用变形建立】命令，打开【变形选项】对话框，如图 4-31 所示。在【样式】下拉列表中选择变形样式。

图 4-31 【变形选项】对话框

- 【样式】：在该下拉列表中，选择不同的选项，可以定义不同的变形样式。在该下拉列表中可以选择【弧形】、【下弧形】、【上弧形】、【拱形】、【凸出】、【凹壳】、【凸壳】、【旗形】、【波形】、【鱼形】、【上升】、【鱼眼】、【膨胀】、【挤压】和【扭转】选项。

- 【水平】、【垂直】单选按钮：选中【水平】、【垂直】单选按钮时，将定义对象变形的方向。

- 【弯曲】选项：调整该选项中的参数，可以定义扭曲的程度，绝对值越大，弯曲的程度越大。正值是向上或向左弯曲，负值是向下或向右弯曲。

- 【水平】选项：调整该选项中的参数，可以定义对象扭曲时在水平方向单独进行扭曲的效果。

- 【垂直】选项：调整该选项中的参数，可以定义对象扭曲时在垂直方向单独进行扭曲的效果。

4.3.2 用网格建立

设置一种矩形网格作为封套，可以在【用网格建立】命令在【封套网格】对话框中设置行

数和列数。选中图形对象后，选择【对象】|【封套扭曲】|【用网格建立】命令，打开【封套网格】对话框。设置完行数和列数后，可以使用【直接选择】工具和【转换锚点】工具对封套外观进行调整。

【例4-6】在 Illustrator 中，对图形对象进行封套扭曲操作。

(1) 在图形文档输入文字，并使用工具箱中的【选择】工具选择文字对象，如图 4-32 所示。

(2) 使用【选择】工具选择对象后，选择菜单栏中的【对象】|【封套扭曲】|【用网格建立】命令，打开【封套网格】对话框，设置【行数】和【列数】均为 3，然后单击【确定】按钮，并使用工具箱中的【直接选择】工具调整网格锚点位置，对对象进行封套扭曲，如图 4-33 所示。

图 4-32　选择对象　　　　　　　　　　　图 4-33　用网格建立

计算机基础与实训教材系列

4.3.3　用顶层对象建立

设置一个对象作为封套的形状，将形状放置在被封套对象的最上方，选择封套形状和被封套对象，然后选择【对象】|【封套扭曲】|【用顶层对象建立】命令。

【例4-7】在 Illustrator 中，对图形对象进行封套扭曲操作。

(1) 选择【文件】|【打开】命令，打开一幅图形文档，如图 4-34 所示。

(2) 使用工具箱中的【钢笔】工具在图形文档中绘制如图 4-35 所示的图形对象。

图 4-34　打开图形文档　　　　　　　　　图 4-35　绘制图形

(3) 使用【选择】工具选中全部对象，选择菜单栏中的【对象】|【封套扭曲】|【用顶层对象建立】命令，即可对选中的图形对象进行封套扭曲，如图 4-36 所示。

图 4-36　用顶层对象建立

④.3.4　设置封套选项

选择一个封套变形对象后，除了可以使用【直接选择】工具进行调整外，还可以选择【对象】|【封套扭曲】|【封套选项】命令，打开如图 4-37 所示的【封套选项】对话框控制封套。

 提示

【保真度】选项：调整该选项中的参数，可以调整使对象适合封套模型的精确程度。增加保真度百分比会向扭曲路径添加更多的点，而扭曲对象所花费的时间也会随之增加。

图 4-37　设置封套选项

- 【消除锯齿】：在用封套扭曲对象时，可使用此选项来平滑栅格。取消选择【消除锯齿】选项，可降低扭曲栅格所需的时间。
- 【保留形状，使用】：当用非矩形封套扭曲对象时，可使用此选项指定栅格应以何种形式保留其形状。选中【剪切蒙版】选项以在栅格上使用剪切蒙版，或选择【透明度】选项以对栅格应用 Alpha 通道。
- 【扭曲外观】、【扭曲线性渐变填充】和【扭曲图案填充】复选框，分别用于决定是否扭曲对象的外观、线性渐变填充和图案填充。

④.3.5　释放或扩展封套

当一个对象进行封套变形后，该对象通过封套组件来控制对象外观，但不能对该对象进行其他的编辑操作。此时，选择【对象】|【封套扭曲】|【扩展】命令可以将作为封套的图形删除，

只留下已扭曲变形的对象，且留下的对象不能再进行和封套编辑有关的操作，如图 4-38 所示。

图 4-38　扩展封套

当要将制作的封套对象恢复到操作之前的效果时，可以选择【对象】|【封套扭曲】|【释放】命令即可将封套对象恢复到操作之前的效果，而且还会保留封套的部分，如图 4-39 所示。

图 4-39　释放封套

4.3.6　编辑内容

当对象进行了封套编辑后，使用工具箱中的【直接选择】工具或其他编辑工具对该对象进行编辑时，只能选中该对象的封套部分，而不能对该对象本身进行调整。

如果要对对象进行调整，选择【对象】|【封套扭曲】|【编辑内容】命令，或单击控制面板中的【编辑内容】按钮 ，将显示原始对象的边框，通过编辑原始图形可以改变复合对象的外观，如图 4-40 所示。编辑内容操作结束后，选择【对象】|【封套扭曲】|【编辑封套】命令，或单击控制面板中【编辑封套】按钮 ，结束内容编辑。

图 4-40　编辑内容

4.4　其他编辑命令

在 Illustrator 中，还有一些其他编辑命令可以编辑对象外观效果，其中包括【轮廓化描边】命令、【偏移路径】命令、【图形复制】命令以及【图形移动】命令等。

4.4.1　轮廓化描边

渐变颜色不能添加到对象的描边部分。如果要在一条路径上添加渐变色或其他的特殊填

充方式，可以使用【轮廓化描边】命令。选中需要进行轮廓化的路径对象，选择【对象】|【路径】|【轮廓化描边】命令，此时该路径对象将转换为轮廓，即可对路径进行形态的调整以及渐变的填充，如图4-41所示。

图4-41 轮廓化描边

4.4.2 路径偏移

【偏移路径】命令可以使路径偏移以创建出新的路径副本，可以用于创建同心图形。选中需要进行偏移的路径，选择【对象】|【路径】|【偏移路径】命令，打开【偏移路径】对话框。然后设置偏移路径选项，设置完成后，单击【确定】按钮进行偏移，如图4-42所示。

图4-42 偏移路径

计算机 基础与实训教材系列

【例4-8】制作网络按钮。

(1) 在新建文档中，选择【圆角矩形】工具在画板中单击，打开【圆角矩形】对话框。在对话框中设置【宽度】数值为98mm，【高度】数值为16mm，【圆角半径】数值为8mm，然后单击【确定】按钮，如图4-43所示。

图4-43 绘制圆角矩形

(2) 打开【渐变】面板，单击渐变条，再双击起始颜色滑块，在弹出的面板中单击右上角的扩展按钮，在弹出的菜单中选择CMYK命令，然后在弹出的面板中设置起始颜色为C=60 M=0 Y=100 K=0，如图 4-44 所示。

图 4-44　设置渐变起始色

(3) 单击渐变条终止颜色滑块，然后在弹出的面板中设置终止颜色为 CMYK=20、0、60、0，如图 4-45 所示。

图 4-45　设置渐变终止色

(4) 在【渐变】面板中，设置【角度】数值为 90°，并在工具箱中设置描边色为无，如图 4-46 所示。

(5) 选择工具箱中的【钢笔】工具，绘制如图 4-47 所示的图形对象。

图 4-46　调整渐变　　　　　　　　　　　图 4-47　绘制图形

(6) 选择【对象】|【路径】|【偏移路径】命令，打开【偏移路径】对话框，设置【位移】数值为 1.2mm，并在【颜色】面板中设置填充色为白色，如图 4-48 所示。

图 4-48　位移路径

(7) 选择【椭圆】工具绘制椭圆形，并在【颜色】面板中设置颜色为 C=60 M=0 Y=100 K=30，如图 4-49 所示。

(8) 保持刚绘制的椭圆形的选中状态，并按 Ctrl+[组合键两次排列图形，如图 4-50 所示。

图 4-49　绘制图形　　　　　　　　　　　　　　图 4-50　排列图形

(9) 选择【文字】工具，并在控制面板中设置字体颜色为白色、字体样式为 Arial Bold、字体大小为 30pt，然后输入文字，如图 4-51 所示。

(10) 使用【选择】工具选中文字，按 Ctrl+C 组合键复制，按 Ctrl+B 组合键将复制的文字粘贴下一层，并在【颜色】面板中设置字体颜色为 C=60 M=0 Y=100 K=30。然后按键盘上方向键调整文字位置，如图 4-52 所示。

图 4-51　输入文字　　　　　　　　　　　　　　图 4-52　复制字体

4.4.3　图形复制

在绘制图稿过程中经常会出现重复的对象。在 Illustrator 中无须重复创建对象，选中对象进行复制、粘贴即可。通过【复制】命令可以快捷地制作出多个相同的对象。选择要复制的对象后，选择【编辑】|【复制】命令或按 Ctrl+C 组合键，即可将其复制。选择【编辑】|【粘贴】命令或按 Ctrl+V 组合键，即可将复制的对象粘贴到当前画板中。用户也可以在选中要复制的对象后，按住 Ctrl+Alt 组合键移动并复制对象，如图 4-53 所示。

图 4-53　复制对象

在 Illustrator 中，还有多种粘贴方式，可以将复制或剪切的对象贴在前面或后面，也可以进行就地粘贴，还可以在所有画板上粘贴该对象。

- 选择【编辑】|【贴在前面】命令，或按 Ctrl+F 组合键，可将剪贴板中的对象粘贴到文档中原始对象所在的位置，并将其置于当前图层中对象堆叠的顶层。
- 选择【编辑】|【贴在后面】命令或按 Ctrl+B 组合键，可将剪贴板中的对象粘贴到对象堆叠的底层或选定对象之后。
- 选择【编辑】|【就地粘贴】命令或按 Shift+Ctrl+V 组合键，可以将图稿粘贴到当前画板中。
- 选择【编辑】|【在所有画板上粘贴】命令或按 Alt+Shift+Ctrl+V 组合键，可将其粘贴到所有画板上。

4.4.4　图形移动

在 Illustrator 中想要移动对象非常简单，可以使用【选择】工具移动对象，也可以通过【移动】命令精确移动对象。单击工具箱中的【选择】工具，选中要进行移动的对象(可以选择单个对象，也可以选择多个对象)，直接拖曳到要移动的位置即可，如图 4-54 所示。

如果要微调对象的位置，可以单击工具箱中的【选择】工具选中需要移动的对象，通过按键盘上的上、下、左、右方向键进行调整。在移动的同时按住 Alt 键，可以对相应的对象进行复制。

选择【对象】|【变换】|【移动】命令，或按 Shift+Ctrl+M 组合键，或双击工具箱中的【选择】工具，在弹出的如图 4-55 所示的【移动】对话框中设置相应的参数，单击【确定】按钮，

可以精确地移动对象。

图 4-54　移动对象　　　　　　　　　图 4-55　【移动】对话框

- 【水平】：在该文本框中输入相应数值，可以定义对象在画板上水平方向的定位位置。
- 【垂直】：在该文本框中输入相应数值，可以定义对象在画板上垂直方向的定位位置。
- 【距离】：在该文本框中输入相应数值，可以定义对象移动的距离。
- 【角度】：在该文本框中输入相应数值，可以定义对象移动的角度。
- 【选项】：当对象中填充的是图案时，可以通过选中【变换对象】和【变换图案】复选框，定义对象移动的部分。
- 【预览】：选中该复选框，可以在进行最终的移动操作前查看相应的效果。
- 【复制】：单击该按钮，可以将移动的对象进行复制。

4.5　蒙版

在 Illustrator 中有两种类型的蒙版，即剪切蒙版和不透明蒙版。

4.5.1　剪切蒙版

剪切蒙版是一个可以用其形状遮盖其他图稿的对象，因此使用剪切蒙版，用户只能看到蒙版形状内的区域。从效果上来说，就是将图稿裁剪为蒙版的形状。剪切蒙版和遮盖的对象称为剪切组合。可以通过选择的两个或多个对象或者一个组或图层中的所有对象来创建剪切组合。

1. 创建剪切蒙版

在 Illustrator 中，无论是单一路径、复合路径、群组对象或是文本对象都可以用来创建剪切蒙版，创建为蒙版的对象会自动群组在一起。选择【对象】|【剪切蒙版】|【建立】命令对选中的图形图像创建剪切蒙版，并可以进行编辑修改。在创建剪切蒙版后，用户还可以通过控制面板中的【编辑剪切蒙版】按钮和【编辑内容】按钮来选择编辑对象。

【例4-9】在 Illustrator 中，创建并编辑剪切蒙版。

(1) 选择菜单栏中的【文件】|【打开】命令，打开文档，如图 4-56 所示。

(2) 选择【斑点画笔】工具，按住]键放大画笔，在文档中拖动绘制，如图 4-57 所示。

图 4-56　置入文档　　　　　　　　　　图 4-57　使用【斑点画笔】工具

(3) 使用【选择】工具，选中作为剪切蒙版的对象和被蒙版对象，如图 4-58 所示。

(4) 选择菜单栏中的【对象】|【剪切蒙版】|【建立】命令，或单击【建立/释放剪切蒙版】按钮，创建剪切蒙版，蒙版以外的图形都被隐藏，只剩下蒙版区域内的图形，如图 4-59 所示。

图 4-58　选择对象　　　　　　　　　　图 4-59　建立剪切蒙版

📖 **知识点** -

　　如果使用文字创建剪切蒙版，由于没有将文本转换为轮廓，因此用户仍然可以对文本进行编辑，如改变字体的大小、样式等，还可以改变文字的内容。

2. 创建文本剪切蒙版

Illustrator 允许使用各种各样的图形对象作为剪贴蒙版的形状外，还可以使用文本作为剪切蒙版。用户在使用文本创建剪切蒙版时，可以先把文本转化为路径，也可以直接将文本作为剪切蒙版。

【例4-10】在 Illustrator 中，使用文字创建剪切蒙版。

(1) 选择菜单栏中的【文件】|【置入】命令，在打开的【置入】对话框中选择图像文档，单击【置入】按钮将选中的文档置入，如图 4-60 所示。

(2) 选择工具箱中的【文字】工具，在文档中输入文字内容。然后使用【选择】工具选中文字，并在控制面板中设置字体为 Bauhaus 93，字体大小为 135pt，如图 4-61 所示。

图 4-60 置入图像文档

(3) 继续使用【选择】工具，选中图像与文字。接着选择菜单栏中的【对象】|【剪切蒙版】|【建立】命令，或单击【图层】面板中的【建立/释放剪切蒙版】按钮，即可为文字创建蒙版，如图 4-62 所示。

图 4-61 输入文字   图 4-62 创建剪切蒙版

3. 编辑剪切蒙版

在 Illustrator 中，用户还可以对剪切蒙版进行一定的编辑，在【图层】面板中选择剪贴路径，可以执行下列任意操作。

- 使用【直接选择】工具拖动对象的中心参考点，可以移动剪贴路径。
- 使用【直接选择】工具可以改变剪贴路径形状。
- 对剪贴路径还可以进行填色或描边操作。

另外，还可以从被遮盖的图形中添加内容或者删除内容。操作非常简单，只要在【图层】面板中，将对象拖入或拖出包含剪贴路径的组或图层即可。

4. 释放剪切蒙版

建立蒙版后，用户还可以随时将蒙版释放。只需选定蒙版对象，选择菜单栏【对象】|【剪切蒙版】|【释放】命令，或在【图层】面板中单击【建立/释放剪切蒙版】按钮 ，即可释放蒙版。此外，也可以在选中蒙版对象后，单击右键，在弹出菜单中选择【释放剪切蒙版】命令，或选择【图层】面板控制菜单中的【释放剪切蒙版】命令，同样可以释放蒙版。释放蒙版后，

将得到原始的被蒙版对象和一个无外观属性的蒙版对象。

④5.2 不透明蒙版

在 Illustrator 中可以使用不透明蒙版和蒙版对象来更改图稿的透明度，可以透过不透明蒙版提供的形状来显示其他对象。蒙版对象定义了透明区域和透明度，可以将任何着色对象或栅格图像作为蒙版对象。

Illustrator 使用蒙版对象中颜色的等效灰度来表示蒙版中的不透明度。如果不透明蒙版为白色，则会完全显示图稿。如果不透明蒙版为黑色，则会隐藏图稿。蒙版中的灰阶会导致图稿中出现不同程度的透明度。

创建不透明蒙版时，在【透明度】面板中被蒙版的图稿缩览图右侧将显示蒙版对象的缩览图，如图 4-63 所示。移动被蒙版的图稿时，蒙版对象也会随之移动；而移动蒙版对象时，被蒙版的图稿却不会随之移动。可以在【透明度】面板中取消蒙版链接，以将蒙版锁定在合适的位置并单独移动被蒙版的图稿。

1. 创建不透明蒙版

选择一个对象或组，或在【图层】面板中选择需要运用不透明度的图层，打开【透明度】面板。在紧靠【透明度】面板中缩览图右侧双击，将创建一个空蒙版，Illustrator 自动进入图蒙版编辑模式，如图 4-64 所示。

图 4-63　不透明蒙版

图 4-64　创建空蒙版

使用绘图工具绘制蒙版，绘制好以后，单击【透明度】面板中被蒙版的图稿的缩览图即可退出蒙版编辑的模式。

如果已经有需要设置为不透明蒙版的图形，可以直接将它设置为不透明蒙版。选中被蒙版的对象和蒙版图形，然后从【透明度】面板菜单中选择【建立不透明蒙版】命令，或单击【制作蒙版】按钮，那么最上方的选定对象或组将成为蒙版，如图 4-65 所示。

通过编辑蒙版对象以更改蒙版的形状或透明度。单击【透明度】面板中的蒙版对象缩览图，按住 Alt 键并单击蒙版缩览图以隐藏文档窗口中的所有其他图稿。不按住 Alt 键也可以编辑蒙版，但是画面上除了蒙版外的图形对象不会隐藏，这样可能会造成相互干扰。用户可以使用任何编辑工具来编辑蒙版，完成后单击【透明度】面板中的被蒙版的图稿的缩览图以退出蒙版编辑模式。

图 4-65 建立不透明蒙版

2. 取消链接或重新链接不透明蒙版

要取消链接蒙版，可在【图层】面板中定位被蒙版的图稿，然后单击【透明度】面板中缩览图之间的链接符号，或者从【透明度】面板菜单中选择【取消链接不透明蒙版】命令，将锁定蒙版对象的位置和大小，这样可以独立于蒙版来移动被蒙版的对象并调整其大小，如图 4-66所示。

要重新链接蒙版，可在【图层】面板中定位被蒙版的图稿，然后单击【透明度】面板中缩览图之间的区域，或者从【透明度】面板菜单中选择【链接不透明蒙版】命令。

图 4-66 取消链接不透明蒙版

3. 停用与删除不透明蒙版

要停用蒙版，可在【图层】面板中定位被蒙版的图稿。然后按住 Shift 键并单击【透明度】面板中的蒙版对象的缩览图，或者从【透明度】面板菜单中选择【停用不透明蒙版】命令，停用不透明蒙版后，【透明度】面板中的蒙版缩览图上会显示一个红色的×号，如图 4-67 所示。

要重新激活蒙版，可在【图层】面板中定位被蒙版的图稿，然后按住 Shift 键并单击【透明度】面板中的蒙版对象的缩览图，或者从【透明度】面板菜单中选择【启用不透明蒙版】命令即可。

图 4-67 停用不透明蒙版

在【图层】面板中定位被蒙版的图稿，然后从【透明度】面板菜单中选择【释放不透明蒙版】命令，或按【释放】按钮，蒙版对象会重新出现在被蒙版的对象的上方，如图 4-68 所示。

图 4-68　释放不透明蒙版

④.6　上机练习

本章上机练习通过绘制标签和广告宣传单，使用户巩固本章所学知识。

④.6.1　绘制标签

本上机练习主要练习制作绘制标签，使用户更好地掌握图形对象的选择、变换、复制等基本操作方法和技巧。

(1) 在图形文档中，选择【椭圆】工具，按住 Shift 键绘制圆形，如图 4-69 所示。

(2) 使用【选择】工具选中圆形，显示【渐变】面板，在其中填充渐变，并设置【角度】数值为【-90°】，如图 4-70 所示。

图 4-69　绘制圆形　　　　　　　　　　　图 4-70　填充渐变

(3) 在圆形上右击，在弹出的菜单中选择【变换】|【缩放】命令，打开【比例缩放】对话框。在对话框中，设置【比例缩放】数值为【80%】，然后单击【复制】按钮。设置复制的圆形的描边颜色为白色，描边粗细为 6pt，取消填充颜色，如图 4-71 所示。

图 4-71 复制圆形

(4) 使用【选择】工具选中步骤(1)中绘制的圆形，设置描边颜色为白色，描边粗细为 6pt，如图 4-72 所示。

(5) 按 D 键恢复默认填充和描边色，选择【钢笔】工具在图形文档中绘制如图 4-73 所示的图形。

图 4-72 设置圆形　　　　　图 4-73 绘制图形

(6) 使用【选择】工具选中步骤(5)中绘制的图形，并在【渐变】面板中填充渐变，并设置【角度】数值为 14.04°，如图 4-74 所示。

(7) 使用【选择】工具选择对象后，单击右键，在弹出的菜单中选择【变换】|【对称】命令，在打开的【镜像】对话框中，选中【垂直】单选按钮，输入角度 90°，单击【复制】按钮，即可将所选对象进行翻转并复制，如图 4-75 所示。

图 4-74 填充渐变　　　　　图 4-75 镜像对象

(8) 使用【选择】工具，按住 Shift 键横向移动图形。并选中两个飘带，单击右键在弹出的菜单中选择【排列】|【置于底层】命令，如图 4-76 所示。

图 4-76　排列对象

(9) 选中步骤(1)中绘制的图形，按 Ctrl+C 组合键复制，按 Ctrl+F 组合键粘贴，并单击工具箱中的【默认填色和描边】按钮填充对象，然后右击复制的对象，在弹出的快捷菜单中选择【排列】|【置于顶层】命令，如图 4-77 所示。

(10) 选择【钢笔】工具绘制在图形文件中绘制如图 4-78 所示的图形。

图 4-77　复制对象　　　　　　　　　图 4-78　绘制图形

(11) 使用【选择】工具选中步骤(9)、步骤(10)中创建的图形，选择【窗口】|【路径查找器】命令，单击【减去顶层】按钮，如图 4-79 所示。

图 4-79　组合图形

(12) 在【渐变】面板中填充渐变，并设置【角度】数值为 90°。在对象上右击，在弹出的菜单中选择【排列】|【后移一层】命令，如图 4-80 所示。

图 4-80　调整图形

(13) 按 D 键恢复默认填充和描边色，选择【钢笔】工具在图形文档中绘制如图 4-81 所示的图形。

(14) 使用【选择】工具选中图形，在【控制】面板中单击【对齐】链接，打开【对齐】面板，单击【水平居中对齐】按钮，如图 4-82 所示。

计算机 基础与实训教材系列

图 4-81　绘制图形　　　　　　　　　图 4-82　对齐对象

(15) 使用步骤(13)绘制的图形，在【渐变】面板中填充渐变，并设置【角度】为-0.7°，如图 4-83 所示。

(16) 使用【钢笔】工具绘制图形，并在【颜色】面板中设置填充颜色为白色，描边颜色为无，如图 4-84 所示。

图 4-83　填充渐变　　　　　　　　　图 4-84　绘制图形

(17) 使用【钢笔】工具绘制图形，选中图形并单击右键，在弹出的菜单中选择【变换】|【对称】命令，在打开的【镜像】对话框中，选中【垂直】单选按钮，单击【复制】按钮。然后移动复制对象，如图 4-85 所示。

图 4-85　镜像对象

(18) 使用【选择】工具选中对象，并通过 Ctrl+[组合键排列图形。选择【文字】工具，在控制面板中设置字体、字体大小，然后在图形中输入文字，如图 4-86 所示。

图 4-86　输入文字

(19) 使用【选择】工具选中文字按 Ctrl+C 组合键复制，按 Ctrl+F 组合键粘贴，并在【颜色】面板中设置文字颜色。然后按 Ctrl+[组合键排列文字，并按键盘上方向键移动文字，如图 4-87 所示。

图 4-87　调整文字

(20) 选择【文字】工具，在控制面板中设置字体、字体大小，然后在图形中输入文字。并使用步骤(19)的操作方法调整文字，如图 4-88 所示。

图 4-88　输入文字

(21) 选择【星形】工具，在图形文件中单击，打开【星形】对话框。在对话框中，设置【半径 1】数值为 8mm，【半径 2】数值为 4mm，【角点数】数值为 5，然后单击【确定】按钮创建星形，如图 4-89 所示。

图 4-89　绘制星形

(22) 使用【选择】工具选中星形，并按住 Ctrl+Alt 组合键复制移动星形，然后配合键盘方向键移动星形，如图 4-90 所示。

图 4-90　复制图形

4.6.2　制作广告宣传单

本上机练习通过制作广告宣传单，使用户更好地掌握本章介绍的编辑对象的变换操作方法和技巧。

(1) 选择【文件】|【新建】命令，打开【新建】对话框。在对话框中，设置【大小】为 A4，在【取向】选项中单击【横向】按钮，然后单击【确定】按钮新建文档，如图 4-91 所示。

(2) 选择【矩形】工具在画板中拖动绘制矩形，并在【渐变】面板中，取消描边色，设置填充渐变【类型】为【径向】，渐变颜色为白色至 K=35 渐变色，然后选择【渐变】工具调整渐变效果，如图 4-92 所示。

图 4-91　新建文档　　　　　　图 4-92　绘制矩形(1)

(3) 选择【矩形】工具在画板中绘制矩形条，并在【颜色】面板中设置填充色为 C=0 M=0 Y=0 K=5，并在【透明度】面板中设置混合模式为【正片叠底】，如图 4-93 所示。

(4) 使用【选择】工具选中矩形条，并按 Shift+Ctrl+Alt 组合键移动复制矩形条，并选中两个矩形条旋转角度，如图 4-94 所示。

图 4-93　绘制矩形(2)　　　　　　图 4-94　复制、编辑矩形

(5) 调整两个矩形条距离，选择【混合】工具分别单击两个矩形条，创建混合。并选择【对象】|【混合】|【混合选项】命令，打开【混合选项】对话框，在对话框中的【间距】下拉列表中选择【指定的距离】选项，设置数值为 4mm，然后单击【确定】按钮，如图 4-95 所示。

(6) 选择【矩形】工具绘制与步骤(2)中创建的矩形同大的矩形，然后使用【选择】工具按 Shift 键选中混合对象，右击鼠标，在弹出的快捷菜单中选择【建立剪切蒙版】命令，如图 4-96 所示。

图 4-95 创建混合

图 4-96 建立剪切蒙版

(7) 使用【矩形】工具绘制矩形，在【颜色】面板中设置 C=100 M=95 Y=5 K=0，如图 4-97 所示。

(8) 使用【矩形】工具绘制矩形，在【颜色】面板中设置 C=0 M=80 Y=95 K=0，如图 4-98 所示。

图 4-97 绘制矩形(1)   图 4-98 绘制矩形(2)

(9) 选择【文件】|【置入】命令，打开【置入】对话框。在对话框中，选中需要置入的素材图像，然后单击【置入】按钮，并调整置入图像的位置、大小，如图 4-99 所示。

(10) 使用步骤(9)的相同操作方法置入其他素材图像，并进行调整，如图 4-100 所示。

图 4-99　置入图像(1)

(11) 使用【选择】工具选中置入图像，单击控制面板【对齐】选项区中的【垂直底对齐】按钮，如图 4-101 所示。

图 4-100　置入图像(2)　　　　　　　　　图 4-101　对齐图像

(12) 选择【文字】工具，按 Ctrl+T 组合键打开【字符】面板。在【字符】面板中设置字体样式为【汉仪菱心体简】，字体大小为 66pt，然后输入文字内容，如图 4-102 所示。

图 4-102　输入文字

(13) 按 Ctrl+C 组合键复制刚输入的文字，按 Ctrl+B 组合键粘贴，然后在【颜色】面板中设置描边色为白色，【描边】面板中设置【粗细】为 10pt，如图 4-103 所示。

(14) 使用【选择】工具选中两组文字，并按 Ctrl+G 组合键进行编组。然后使用【钢笔】工具绘制图形，如图 4-104 所示。

图 4-103　编辑文字

图 4-104　绘制图形

(15) 使用【选择】工具选中文字组和刚绘制的图形，选择【对象】|【封套扭曲】|【用顶层对象建立】命令建立封套扭曲，如图 4-105 所示。

图 4-105　建立封套扭曲

(16) 使用【钢笔】工具绘制图形，并在【描边】面板中设置【粗细】为 6pt，并单击【使描边外侧对齐】按钮，如图 4-106 所示。

(17) 使用【选择】工具选中绘制的图形和封套对象，选择【效果】|【风格化】|【投影】命令，打开【投影】对话框。在对话框中设置【不透明度】为 65%，【X 位移】为 1mm，【Y 位移】为 2mm，【模糊】为 0mm，然后单击【确定】按钮，如图 4-107 所示。

图 4-106　绘制图形

图 4-107　应用投影

(18) 选择【文字】工具输入文字内容，按 Esc 键结束，然后按 Ctrl+T 组合键打开【字符】面板，在面板中设置字体样式为【方正黑体_GBK】，字体大小为 19.5pt，字符间距为-75，字符旋转为-6°，如图 4-108 所示。

图 4-108　输入文字(1)

(19) 选择【文字】工具输入文字内容，按 Esc 键结束，然后在【字符】面板中设置字体样式为 Arial Narrow，字体大小为 15pt，如图 4-109 所示。

图 4-109　输入文字(2)

(20) 使用文字工具输入文字内容，并在【字符】面板中设置字体样式为【方正黑体_GBK】，字体大小为 12pt，如图 4-110 所示。

图 4-110　输入文字(3)

(21) 选择【效果】|【风格化】|【投影】命令，打开【投影】对话框。在对话框中设置【不透明度】为 75%，【X 位移】为 0.5mm，【Y 位移】为 0.5mm，【模糊】为 0mm，然后单击【确定】按钮，如图 4-111 所示。

图 4-111　应用投影

(22) 打开【图形样式】对话框，按 Alt 键单击【新建图形样式】按钮打开【图形样式选项】对话框。在对话框的【样式名称】文本框中输入"文字投影"，然后单击【确定】按钮新建图形样式，如图 4-112 所示。

(23) 选中前面创建的文字，单击【图形样式】面板中刚创建的"文字投影"图形样式，如图 4-113 所示。

图 4-112　新建图形样式

图 4-113　应用图层样式

(24) 使用文字工具输入文字内容，并在【字符】面板中设置字体大小为 10pt，如图 4-114 所示。

(25) 使用文字工具输入文字内容，并在【字符】面板中设置字体大小为 19pt，如图 4-115 所示。

图 4-114　输入文字(1)　　　　　　　　　　图 4-115　输入文字(2)

(26) 使用【选择】工具选中先前置入的图像，选择【效果】|【风格化】|【外发光】命令，打开【外发光】对话框。在对话框的【模式】下拉列表中选择【正片叠底】选项，设置【模糊】为 5mm，然后单击【确定】按钮，如图 4-116 所示。

外发光

模式(M)： 正片叠底

不透明度(O)： 75%
1. 设置
模糊(B)： 5 mm
2. 单击

☑ 预览(P)　　确定　　取消

图 4-116　应用外发光

4.7　习题

1．绘制一个图形对象，并将其旋转复制得到如图 4-117 所示效果。

2．使用多种变形工具，制作如图 4-118 所示特殊效果相框。

图 4-117　绘制图形

图 4-118　相框效果

基本外观的编辑

学习目标

对象的基本外观指的是填充和描边效果。对象的填充是形状内部的颜色，可以将一种颜色、图案或渐变应用于整个对象。描边时形状的路径部分，可以进行宽度、颜色的更改，也可以创建虚线描边，或使用画笔为风格化描边上色。

本章重点

- ⊙ 编辑图稿着色
- ⊙ 【描边】面板
- ⊙ 填充渐变
- ⊙ 透明度和混合模式
- ⊙ 混合对象
- ⊙ 画笔的应用

5.1 编辑图稿着色

Illustrator 的重新着色图稿功能可以帮助用户轻松地应对图稿中众多颜色的协调问题，可以十分便利地创建不同着色风格的作品。

5.1.1 重新着色图稿

选择任意一个图稿对象，选择【编辑】|【编辑颜色】|【重新着色图稿】命令，打开【重新着色图稿】对话框，如图 5-1 所示。在此对话框中，用户可以非常方便地编辑现有颜色或控制对图稿的重新着色方式，包括重新指定图稿颜色之间的协调规则、保存新的颜色组、随机更改

颜色顺序、随机调整颜色的饱和度、亮度和将颜色组的颜色限制为某一色板库中的颜色等。

单击对话框现用颜色右侧的█按钮，在弹出的下拉列表中可以指定 Illustrator 中预设的各种协调规则，如图 5-2 所示。

图 5-1 【重新着色图稿】对话框

图 5-2 预设协调规则

如果希望更加直观地调整图稿中颜色之间的搭配，可单击【重新着色图稿】对话框上部的【编辑】按钮，显示如图 5-3 所示的平滑色轮。此时平滑色轮中有多个圆圈，分别表示图稿中现用的颜色，它们与中心的连线呈虚线状态，表示此时各颜色之间不会出现协调变化。可以单击该区域右下角的【链接协调色】按钮█，使之变为实线，从而创建各颜色之间的协调变化关系。其中，最大的圆圈中的颜色表示图稿的主要色调，即基色。可以通过拖动这个颜色来同时改变图稿中所有颜色的色相、饱和度及亮度等参数，直至达到满意的结果，如图 5-4 所示。

图 5-3 编辑

图 5-4 调整协调变化

在调整过程中，如果对结果不满意，可以随时单击对话框顶部的【从所选图稿获取颜色】按钮，以恢复初始状态。如果对当前的颜色搭配方案比较满意，并希望以后重新使用这一组颜色，可以单击【新建颜色组】按钮创建新的颜色组，单击【确定】按钮后该颜色组保存在【色板】面板中。

<table>
<tr><td></td></tr>
</table>

知识点

通过指定色板库，可以把图稿中的颜色限制在某一色板库的范围之内，用户可以根据自己的喜好进行设置，如图 5-5 所示。

图 5-5　指定色板库

⑤.1.2　编辑颜色

在 Illustrator 中，有多种命令和工具可用于修改及编辑文件中的颜色。

1. 调整色彩平衡

在 Illustrator 文件中选择打开任意一幅图像，选择【编辑】|【编辑颜色】|【调整色彩平衡】命令，打开【调整颜色】对话框，如图 5-6 所示。在此对话框中设置各个选项，即可对图像颜色进行改变。在【颜色模式】下拉列表中有 4 个选项，即【灰度】、RGB、CMYK 和【全局色】。选中的图稿对象颜色模式不同，打开的对话框中对应的选项也有所不同，下面的调节栏也会有所不同。

如果选择图形文件进行调整，图形文件可能包含边线色和填充色两个方面，使用【调整颜色】对话框中的【调整选项】选项组中的两个选项就可以决定调整【填充】还是【描边】的颜色。如果选中这两个复选框，则表示两种颜色都进行调整。

图 5-6　【调整颜色】对话框

知识点

该对话框中的【转换】选项用于颜色之间的转换。例如，可以把专色转换成 RGB 色进行调整，也可以把 RGB 色进行调整，也可以把 RGB 色转换为 CMYK 色进行调整。转换之前必须先在【颜色模式】下拉列表中选择颜色模式，然后再选中【转换】复选框，此时就可以在这种颜色模式下调整颜色了。

2. 前后混合、水平混合、垂直混合

前后混合、水平混合、垂直混合 3 种颜色混合命令都是针对 3 个以上的图形才起作用，而且只能改变图形的填充色，这种填充色不包含图案、渐变色和专色。

- 在有 3 个以上的图形被选中时，选择【前后混合】命令可以使用最前面的图形的颜色和最后面的图形颜色混合，并把混合结果置于中间的图形上，如图 5-7 所示。

图 5-7　前后混合

- 选中混合水平放置的 3 个不同颜色的图形，选择【水平混合】命令可以把混合的最终颜色施加给位于这两个图形中间的图形上。
- 选中混合垂直放置的 3 个不同颜色的图形，选择【垂直混合】命令可以把混合的最终颜色施加给位于两个图形中间的图形上。

3. 其他菜单命令

【编辑颜色】命令子菜单中还有一些其他的简单编辑命令，各命令作用如下。

- 【转换为 CMYK】命令可以把被选中的图形或者图像的颜色信息由其他颜色模式转换为 CMYK 颜色模式。
- 【转换为灰度】命令可以把被选中的图形或图像的颜色信息由其他颜色模式转换为灰度颜色模式。这时图形或图像就会以不同的灰度来表示。
- 【转换为 RGB】命令可以把被选中的图形或者图像的颜色信息由其他颜色模式转换为 RGB 颜色模式。
- 【反相颜色】命令可以把当前颜色转变为相反色。
- 【叠印黑色】命令可以控制图形中黑色压印的宽度，选择该命令会打开【叠印黑色】对话框，在该对话框中输入的百分比数值越大，压印的范围也就越大。
- 【调整饱和度】命令可以改变图形或者图像颜色的饱和程度。

⑤.1.3　修改颜色

使用【吸管】工具可以复制 Illustrator 文件中任何对象的颜色，包括其他应用程序存储的颜色，然后使用【油漆桶】工具可以将该颜色施加到其他物体上。结合使用这两个工具可以将任意颜色复制到其他物体上。依据预设值，【油漆桶】工具以及【吸管】工具会影响物体的所有填充性质。

【例 5-1】使用【吸管】工具复制颜色。

(1) 在打开的图稿中，选中要填充颜色的对象，如图 5-8 所示。

(2) 双击工具箱中的【吸管】工具，打开【吸管选项】对话框，选中需要复制的属性，然后单击【确定】按钮，如图 5-9 所示。

图 5-8　选中对象　　　　　　图 5-9　【吸管选项】对话框

(3) 使用【吸管】工具在取样对象上单击，所选填充对象会自动更新为取样对象的颜色，如图 5-10 所示。

图 5-10　使用【吸管】工具

5.2　实时上色

【实时上色】是一种创建彩色图稿的直观方法。它不必考虑围绕每个区域使用了多少不同的描边，描边绘制的顺序以及描边之间是如何相互连接的。

当创建了实时上色组后，每条路径都会保持完全可编辑的特点。移动或调整路径形状时，前期已应用的颜色不会像在自然介质作品或图像编辑程序中那样保持在原处；相反，Illustrator 会自动将其重新应用于由编辑后的路径所形成的新区域中。

简而言之，【实时上色】结合了上色程序的直观与矢量插图程序的强大功能和灵活性。

5.2.1　创建实时上色组

要使用【实时上色】工具为表面和边缘上色，首先需要创建一个实时上色组。在 Illustrator

中绘制图形并选中后，选择工具箱中的【实时上色】工具在图形上单击，或选择【对象】|【实时上色】|【建立】命令，即可创建实时上色组。实时上色组中可以上色的部分称为边缘和表面。边缘是一条路径与其他路径交叉后，处于交点之间的路径部分。表面是由一条边缘或多条边缘所围成的区域。在【色板】面板中选择颜色，使用【实时上色】工具可以随心所欲地填色。

在工具箱中选择【实时上色选择】工具 ，可以挑选实时上色组中的填色和描边进行上色，并可以通过【描边】面板或控制面板修改描边宽度。

【例5-2】在 Illustrator 中，使用【实时上色】工具填充图形对象。

(1) 在图形文档中，绘制如图 5-11 所示的图形对象。

(2) 选择工具箱中的【选择】工具选中全部路径，然后选择【对象】|【实时上色】|【建立】建立实时上色组，如图 5-12 所示。

图 5-11　绘制图形　　　　　　　　　图 5-12　建立实时上色组

(3) 双击工具箱中的【实时上色】工具，打开【实时上色工具选项】对话框，如图 5-13 所示。该对话框用于指定实时上色工具的工作方式，即选择只对填充进行上色或只对描边进行上色；以及当工具移动到表面和边缘上时如何对其进行突出显示。

(4) 在【颜色】面板中设置填充色，然后使用【实时上色】工具移动至需要填充对象表面上时，它将变为油漆桶形状 ，并且突出显示填充内侧周围的线条。单击需要填充对象，以对其进行填充，如图 5-14 所示。

图 5-13　【实时上色工具选项】对话框　　　　图 5-14　使用【实时上色】工具

(5) 使用步骤(4)的操作方法填充图形，并使用键盘上左、右方向箭头键，切换需要填充的颜色，如图 5-15 所示。

(6) 在【颜色】面板中设置填充颜色，然后使用【实时上色】工具移动至需要填充对象表面上时，单击可根据设置填充图形，如图 5-16 所示。

图 5-15   填充颜色(1)

图 5-16   填充颜色(2)

知识点

在使用【实时上色】工具时，工具指针上方显示三个颜色方块，它们表示选定填充或描边颜色；如果使用色板库中的颜色，则表示库中所选颜色及两边相邻颜色。通过按向左或向右箭头键，可以访问相邻的颜色以及这些颜色旁边的颜色。要对边缘进行上色，将光标靠近边缘，当路径加粗显示，光标变为 状态时单击，即可为边缘路径上色。

5.2.2   在实时上色组中添加路径

修改实时上色组中的路径，会同时修改现有的表面和边缘，还可能创建新的表面和边缘。也可以向实时上色组中添加更多的路径。选中实时上色组和要添加的路径，单击控制面板中的【合并实时上色】按钮或选择【对象】|【实时上色】|【合并】命令，即可将路径添加到实时上色组内。使用【实时上色选择】工具可以为新的实时上色组重新上色。

【例 5-3】在 Illustrator 中，编辑实时上色组。

(1) 选中实时上色组和路径，单击控制面板中的【合并实时上色】按钮，或选择【对象】|【实时上色】|【合并】命令，将路径添加到实时上色组中，如图 5-17 所示。

(2) 在【颜色】面板中设置填充颜色，然后使用【实时上色】工具移动至需要填充对象表面上时，单击可根据设置填充图形，如图 5-18 所示。

图 5-17   添加路径

图 5-18   填充颜色

> **知识点**
>
> 对实时上色组执行【对象】|【实时上色】|【扩展】命令，可将其拆分成相应的表面和边缘。

⑤.2.3 间隙选项

间隙是由于路径和路径之间未对齐而产生的。用户可以手动编辑路径来封闭间隙，也可以单击控制面板上的【间隙选项】按钮 ，打开如图 5-19 所示的【间隙选项】对话框预览并控制实时上色组中可能出现的间隙。选中【间隙检测】复选框对设置进行微调，以便 Illustrator 可以通过指定的间隙大小来防止颜色渗漏。每个实时上色组都有自己独立的间隙设置。

图 5-19 【间隙选项】对话框

> **知识点**
>
> 在对话框中，选中【间隙检测】复选框，在【上色停止在】下拉列表中选择间隙的大小或者通过【自定】选项自定间隙的大小，在【间隙预览颜色】下拉列表中选择一种与图稿有差异的颜色以便预览。选中【预览】复选框，可以看到线条稿中的间隙被自动连接起来。对预览结果满意后，单击【用路径封闭间隙】按钮，再单击【确定】按钮，即可用【实时上色】工具为实时上色组进行上色。

⑤.3 【描边】面板

在 Illustrator 中，不仅可以对选定的对象的轮廓应用颜色和图案填充，还可以设置其他属性，如描边的宽度、描边线头部的形状，使用虚线描边等。

选择【窗口】|【描边】命令，或按 Ctrl+F10 组合键，就可以打开如图 5-20 所示【描边】面板。【描边】面板提供了对描边属性的控制，其中包括描边线的粗细、斜接限制、对齐描边及虚线等设置。

- ⦿ 【粗细】数值框用于设置描边的宽度，在数值框中输入数值，或者用微调按钮调整，每单击一次数值以 1 为单位递增或递减；也可以单击后面的向下箭头，从弹出的下拉列表中直接选择所需的宽度值。
- ⦿ 【端点】右边有 3 个不同的按钮，表示 3 种不同的端点，分别是平头端点、圆头端点和方头端点。
- ⦿ 【边角】右侧同样有 3 个按钮，用于表示不同的拐角连接状态，分别为斜接连接、圆角连接和斜角连接。使用不同的连接方式得到不同的连接结果。当拐角连接状态设置为【斜角连接】时，【限制】数值框中的数值是可以调整的，用来设置斜接的角度。当拐角连接状态设置为【圆角连接】或【斜角连接】时，【限制】数值框呈现灰色，为不可设定项。

⦿ 【对齐描边】右侧有 3 个按钮，可以使用【使描边居中对齐】、【使描边内侧对齐】或【使描边外侧对齐】按钮来设置路径上描边的位置。

【虚线】选项是 Illustrator 中很有特色的功能。选中【描边】对话框中的【虚线】复选框，在它的下面会显示 6 个文本框，在其中可输入相应的数值，如图 5-21 所示。数值不同，所得到的虚线效果也不同，使用不同粗细的线及线端的形状，会产生各种各样的效果。

图 5-20 【描边】面板

图 5-21 【虚线】选项

知识点

【描边】面板中的【保留虚线和间隙的精确长度】按钮 ⌶⌶ 和【使虚线与边角和路径终端对齐，并调整到合适长度】按钮 ⌶⌶，这两个选项可以让创建虚线看起来更有规律。

⑤.4　填充渐变

渐变填充是设计作品中一种重要的颜色表现方式，增强了对象的可视效果。在 Illustrator 中可将渐变存储为色板，从而便于将渐变应用于多个对象。Illustrator 中提供了线性渐变和径向渐变两种方式。

⑤.4.1　【渐变】面板

选择【窗口】|【渐变】命令或按快捷键 Ctrl+F9 组合键，打开如图 5-22 所示【渐变】面板。在其中可以对渐变类型、颜色、角度、透明度等参数进行设置。在【渐变】面板中可以创建线性和径向两种类型渐变。

渐变填色框

反向渐变

中点

色标

删除色标

图 5-22　【渐变】面板

【例 5-4】在 Illustrator 中，使用【渐变】面板填充图形对象。

(1) 在图形文档中，使用【选择】工具选中图形对象，打开【渐变】面板，单击渐变滑块即可应用预设渐变，如图 5-23 所示。

1.选中

2.单击

图 5-23　填充渐变

知识点

在设置【渐变】面板中的颜色时，还可以直接将【色板】面板中的色块拖动到【渐变】面板中的颜色滑块上释放即可，如图 5-24 所示。

图 5-24　设置渐变颜色

(2) 在【渐变】面板中，拖动渐变滑块条上中心点位置滑块，调整渐变的中心位置，如图 5-25 所示。

(3) 在【渐变】面板中，设置【角度】数值为 120°，如图 5-26 所示。

图 5-25　调整渐变

图 5-26　设置渐变角度

(4) 双击【渐变】面板中的起始颜色滑块，在弹出的面板中设置颜色。双击【渐变】面板中的终止颜色滑块，在弹出的面板中设置颜色，如图 5-27 所示。

图 5-27　设置渐变

(5) 在【渐变】面板中设置好渐变后，在【色板】面板中单击【新建色板】按钮，打开【新建色板】对话框。在对话框中的【色板名称】文本框中输入"红-橙"，然后单击【确定】按钮即可将渐变色板添加到面板中，如图 5-28 所示。

图 5-28　添加渐变色板

5.4.2　使用【渐变】工具

　　【渐变】工具可以为对象添加或编辑渐变，也提供了【渐变】面板所提供的大部分功能。将要定义渐变色的对象选中，在【渐变】面板中定义要使用的渐变色。再单击工具箱中的【渐变】工具按钮或按 G 键。在要应用渐变的开始位置上单击，拖动到渐变结束位置上释放鼠标。如果要应用的是径向渐变色，则需要在应用渐变的中心位置单击，然后拖动到渐变的外围位置上释放鼠标即可，如图 5-29 所示。

对象。其中颜色能够向不同的方向流动，并且从一点到另一点形成平滑过渡。通过在图形对象上创建精细的网格和每一点的颜色设置，可以精确地控制网格对象的色彩。

1. 创建渐变网格

使用【网格】工具进行渐变上色时，要对图形进行网格的创建。Illustrator 中提供了一种自动创建网格的方式。选中要创建网格的图形，选择【对象】|【创建渐变网格】命令，打开【创建渐变网格】对话框，如图 5-32 所示。

图 5-32　【创建渐变网格】对话框

> **知识点**
>
> 选中渐变填充对象，选择【对象】|【扩展】命令，在打开的【扩展】对话框中选中【渐变网格】单选按钮，然后单击【确定】按钮将渐变填充对象转换为网格对象。

- 【行数】：定义渐变网格线的行数。
- 【列数】：定义渐变网格线的列数。
- 【外观】：表示创建渐变网格后的图形高光的表现形式，包含【平淡色】、【至中心】和【至边缘】3 个选项。选择【平淡色】选项，图像表面的颜色均匀分布，会将对象的原色均匀的覆盖在对象表面，不产生高光。选择【至中心】选项，在对象的中心创建高光。选择【至边缘】选项，图形的高光效果在边缘。会在对象的边缘处创建高光。
- 【高光】：定义白色高光处的强度。100%代表将最大的白色高光值应用于对象，0%则代表不将任何白色高光应用于对象。

在 Illustrator 中，还可以使用手动创建的方法创建网格。手动创建网格可以更加灵活的调整对象渐变效果。要手动创建渐变网格，选中要添加渐变网格的对象，单击工具箱中的【网格】工具按钮或按快捷键 U 键，然后在图形要创建网格的位置上单击，即可创建一组网格线，如图 5-33 所示。

图 5-33　手动创建渐变网格

2. 编辑渐变网格

创建渐变网格后，可以使用多种方法来修改网格对象，如添加、删除和移动网格点，更改网格颜色，以及将网格对象恢复为常规对象等。

【例 5-5】在 Illustrator 中，创建、编辑渐变网格。

(1) 选中要添加渐变网格的对象，单击工具箱中的【网格】工具按钮或按快捷键 U 键，然后在图形要创建网格的位置上单击添加网格点，如图 5-34 所示。

图 5-34　添加网格点

(2) 使用工具箱中的【网格】工具、【直接选择】工具或【编组】工具，将需要定义颜色的网格点选中，然后在颜色面板中设置要使用的颜色即可在已有的网格上添加颜色，如图 5-35 所示。

图 5-35　设置颜色

(3) 要删除网格点，按住 Alt 键用【网格】工具单击该网点即可删除，如图 5-36 所示。

图 5-36　删除网格点

⑤.5　透明度和混合模式

在 Illustrator 中，使用【透明度】面板可以为对象的填色、描边、对象编组或是图层设置不透明度。不透明度从 100%的不透明至 0%的完全透明，当降低对象的不透明度时，其下方的图形会透过该对象可见。

选择【窗口】|【透明度】命令，可以打开【透明度】面板，单击面板菜单按钮，在弹出的菜单中选择【显示选项】命令，可以将隐藏的选项全部显示出来，如图 5-37 所示。

图 5-37　【透明度】面板

使用【透明度】面板可以改变单个对象、一组对象或图层中所有对象的不透明度，或者一个对象的填色或描边的不透明度。如果要更改填充或描边的不透明度，可选择一个对象或组后，在【外观】面板中选择填充或描边，再在【透明度】面板或控制面板中设置【不透明度】选项。

 提示- -

　　【透明度】面板上有一个【挖空组】选项，在透明挖空组中，元素不能透过彼此而显示。

混合模式可以用不同的方法将对象颜色与底层对象的颜色混合。当将一种混合模式应用于某一对象时，在此对象的图层或组下方的任何对象上都可看到混合模式的效果。修改图稿的混合模式十分简单，如果要更改填充或描边的混合模式，可选中对象或组，然后在【外观】面板中选择填充或描边，再在【透明度】面板中选择一种混合模式即可，如图 5-38 所示。

图 5-38　应用混合模式

- 正常：使用混合色对选区上色，而不与基色相互作用，这是默认模式。
- 变暗：选择基色或混合色中较暗的一个作为结果色，比混合色亮的区域会被结果色所取代，比混合色暗的区域将保持不变。
- 正片叠底：将基色与混合色相乘，得到的颜色总是比基色和混合色都要暗一些。将任何颜色与黑色相乘都会产生黑色，将任何颜色与白色相乘则颜色保持不变。
- 颜色加深：加深基色以反映混合色。与白色混合后不产生变化。
- 变亮：选择基色或混合色中较亮的一个作为结果色，比混合色暗的区域将被结果色所取代，比混合色亮的区域将保持不变。
- 滤色：将混合色的反相颜色与基色相乘，得到的颜色总是比基色和混合色都要亮一些。用黑色滤色时颜色保持不变，用白色滤色将产生白色。
- 颜色减淡：加亮基色以反映混合色。与黑色混合不发生变化。
- 叠加：对颜色进行相乘或滤色，具体取决于基色。图案或颜色叠加在现有的图稿上，在于混合色混合以反映原始颜色的亮度和暗度的同时，保留基色的高光和阴影。
- 柔光：使颜色变暗或变亮，具体取决于混合色。此效果类似于漫射聚光灯照在图稿上。
- 强光：对颜色进行相乘或过滤，具体取决于混合色。此效果类似于耀眼的聚光灯照在图稿上。
- 差值：从基色中减去混合色或从混合色中减去基色，具体取决于哪一种的亮度值较大。与白色混合将反转基色值，与黑色混合则不发生变化。
- 排除：用于创建一种与【差值】模式相似但对比度更低的效果。与白色混合将反转基色分量，与黑色混合则不发生变化。
- 色相：用基色的亮度和饱和度以及混合色的色相创建结果色。
- 饱和度：用基色的亮度和色相以及混合色的饱和度创建结果色。在无饱和度(灰度)的区域上用此模式着色不会产生变化。
- 混色：用基色的亮度以及混合色的色相和饱和度创建结果色。这样可以保留图稿中的灰阶，对于给单色图稿上色以及给彩色图稿染色都会非常有用。
- 明度：用基色的色相和饱和度以及混合色的亮度创建结果色。此模式可创建与【混色】模式相反的效果。

⑤.6 混合对象

在 Illustrator 中可以混合对象以创建形状，并在两个对象之间平均分布形状，也可以在两个开放路径之间进行混合，在对象之间创建平滑的过渡；或者组合颜色和对象的混合，在特定对象形状中创建颜色过渡。

Illustrator 中的混合工具和混合命令，可以在两个或数个对象之间创建一系列的中间对象。可在两个开放路径、两个封闭路径、不同渐变之间产生混合。并且可以使用移动、调整尺寸、删除或加入对象的方式，编辑与建立的混合。在完成编辑后，图形对象会自动重新混合。

5.6.1 创建混合

使用【混合】工具和【混合】命令可以为两个或两个以上的图形对象创建混合。选中需要混合的路径后，选择【对象】|【混合】|【建立】命令，或选择【混合】工具分别单击需要混合的图形对象，即可生成混合效果。

【例 5-6】在 Illustrator 中，绘制图形并创建混合。

(1) 在图形文档中，选择【钢笔】工具在绘制如图 5-39 所示的图形对象，并分别填充渐变效果。

(2) 选择工具箱中的【混合】工具，在绘制的两个图形上分别单击，创建混合，如图 5-40 所示。

图 5-39 绘制图形

图 5-40 创建混合

5.6.2 设置混合参数

选择混合的路径后，双击工具箱中的【混合】工具，或选择【对象】|【混合】|【混合选项】命令，可以打开如图 5-41 所示的【混合选项】对话框。在对话框中可以对混合效果进行设置。

图 5-41 【混合选项】对话框

- ⊙ 【间距】选项用于设置混合对象之间的距离大小，数值越大，混合对象之间的距离也就越大。其中包含 3 个选项，分别是【平滑颜色】、【指定的步数】和【指定的距离】选项。【平滑颜色】选项表示系统将按照要混合的两个图形的颜色和形状来确定混合步数。【指定的步数】选项可以控制混合的步数。【指定的距离】选项可以控制每一步混合间的距离。

- ◉ 【取向】选项可以设定混合的方向。按钮以对齐页面的方式进行混合，按钮以对齐路径的方式进行混合。
- ◉ 【预览】复选框被选中后，可以直接预览更改设置后的所有效果

【例5-7】在 Illustrator 中，创建混合对象并设置混合选项。

(1) 选择【文件】|【打开】命令，选择打开图形文档，如图 5-42 所示。

(2) 选择【混合】工具，在图形文档中的两个图形上分别单击，创建混合，如图 5-43 所示。

图 5-42　打开图形文档

图 5-43　创建混合

(3) 选择【对象】|【混合】|【混合选项】命令，打开【混合选项】对话框。在对话框的【间距】下拉列表中选择【指定的距离】选项，并设置数值为 8mm，然后单击【确定】按钮设置混合选项，如图 5-44 所示。

图 5-44　设置混合选项

⑤.6.3　编辑混合图形

创建混合图形对象后，还可以对混合图形进行编辑修改。

1. 调整混合路径

Illustrator 的编辑工具能移动、删除或变形混合；也可以使用任何编辑工具来编辑锚点和路径或改变混合的颜色。当编辑原始对象的锚点时，混合也会随着改变。原始对象之间所混合的新对象不会拥有其本身的锚点。

【例5-8】在 Illustrator 中，创建混合对象并编辑混合对象。

(1) 选择【文件】|【打开】命令，选择打开图形文档。并选择【混合】工具，在图形文档中的两个图形上分别单击，创建混合，如图 5-45 所示。

图 5-45　创建混合

(2) 选择【对象】|【混合】|【混合选项】命令，打开【混合选项】对话框。在对话框的【间距】下拉列表中选择【指定的步数】选项，并设置数值为 6，然后单击【确定】按钮设置混合选项，如图 5-46 所示。

图 5-46　设置混合选项

(3) 选择工具箱中的【转换锚点】工具，单击混合轴上的锚点并调整混合轴路径，如图 5-47 所示。

图 5-47　调整混合轴

2. 替换混合轴

在 Illustrator 中，使用【对象】|【混合】|【替换混合轴】命令可以使需要混合的图形按照一条已经绘制好的开放路径进行混合，从而得到所需要的混合图形。

【例 5-9】在 Illustrator 中，创建混合对象并替换混合轴。

(1) 在 Illustrator 中，打开图形文档。然后选择【混合】工具在绘制的两个图形上分别单击，创建混合，如图 5-48 所示。

图 5-48　创建混合

(2) 选择【对象】|【混合】|【混合选项】命令，打开【混合选项】对话框。在对话框的【间距】下拉列表中选择【指定的步数】选项，并设置数值为 10，然后单击【确定】按钮，如图 5-49 所示。

图 5-49　设置混合选项

(3) 单击工具箱中的【螺旋线】工具，使用【螺旋线】工具在画板中单击打开【螺旋线】对话框。在对话框中，设置【半径】数值为 80mm，【衰减】数值为 80%，【段数】数值为 8，然后单击【确定】按钮，如图 5-50 所示创建螺旋线。

(4) 使用【选择】工具选中混合图形和路径，选择【对象】|【混合】|【替换混合轴】命令。这时，图形对象就会依据绘制的路径进行混合，如图 5-51 所示。

图 5-50　创建螺旋线　　　　　　　　　　　　图 5-51　替换混合轴

3. 反向混合轴

使用选择工具选中混合图形，选择【对象】|【混合】|【反向混合轴】命令可以互换混合的两个图形位置，其效果类似于镜像功能，如图 5-52 所示。

4. 反向堆叠

选择【对象】|【混合】|【反向堆叠】可以转换进行混合的两个图形的前后位置，如图 5-53 所示。

图 5-52 反向混合轴 　　　　　图 5-53 反向堆叠

5.6.4 扩展与混合图形

如果要将相应的对象恢复到普通对象的属性，但又保持混合后的状态，可以选择【对象】|【混合】|【扩展】命令，此时混合对象将转换为普通的对象，并且保持混合后的状态，如图 5-54 所示。

图 5-54 扩展混合对象

5.6.5 释放混合图形

创建混合后，在连接路径上包含了一系列逐渐变化的颜色与性质都不相同的图形。这些图形是一个整体，不能够被单独选中。如果不想再使用混合，可以将混合释放，释放后原始对象以外的混合对象即被删除，如图 5-55 所示。

图 5-55 释放混合对象

5.7 画笔的应用

画笔工具是一个自由的绘图工具，用于为路径创建特殊效果的描边，可以将画笔描边用于现有路径，也可以使用画笔工具直接绘制带有画笔描边的路径。画笔工具多用于绘制徒手画和书法线条，以及路径图稿和路径图案。Illustrator 中丰富的画笔库和画笔的可编辑性使绘图变得更加简单、更加有创意。

⑤.7.1 【画笔】工具

在工具箱中选择【画笔】工具，然后在【画笔】面板中选择一个画笔，直接在工作页面上按住鼠标左键并拖动绘制一条路径。此时，【画笔】工具右下角显示一个小叉号✐×，表示正在绘制一条任意形状的路径。

双击工具箱中的【画笔】工具，可以打开【画笔工具选项】对话框，如图 5-56 所示。和【铅笔】工具的预置对话框一样，在该对话框中设置的数值可以控制所画路径的节点数量以及路径的平滑度。

- ⊙ 【保真度】：向左拖动滑块，所画路径上的锚点越多，与画笔移动的方向差别越小；向右拖动滑块，所画路径上的锚点越少，所画路径与画笔移动的方向差别越大。
- ⊙ 【填充新画笔描边】：选中该复选框，则使用画笔新绘制的开放路径将被填充颜色。
- ⊙ 【保持选定】：用于使新画的路径保持在选中状态。
- ⊙ 【编辑所选路径】：选中该复选框则表示路径在规定的像素范围内可以编辑。
- ⊙ 【范围】：当【编辑所选路径】复选框被选中时，【范围】选项则处于可编辑状态。【范围】选项用于调整可连接的距离。

图 5-56 【画笔工具选项】对话框

知识点

在对话框中，调整【画笔】工具选项后，单击【重置】按钮可以恢复初始设置。

 提示

使用【画笔】工具在页面上绘画时，拖动鼠标后按住键盘上的 Alt 键，在【画笔】工具的右下角会显示一个小的圆环，表示此时所画的路径是闭合路径。停止绘画后路径的两个端点就会自动连接起来，形成闭合路径。

选择【画笔】工具后，用户还可以在控制面板中对画笔描边颜色、粗细、不透明度等参数进行设置。单击【描边】链接或【不透明度】链接，可以弹出下拉面板设置具体参数，如图 5-57 所示。

图 5-57　【画笔】工具控制面板

5.7.2　【画笔】面板

Illustrator 为【画笔】工具提供了一个专门的【画笔】面板，该面板为绘制增加了更大的便利性、随意性和快捷性。选择【窗口】|【画笔】命令，或按键盘快捷键 F5 键，打开【画笔】面板，如图 5-58 所示。使用【画笔】工具时，首先需要在【画笔】面板中选择一个合适的画笔。Illustrator 提供了丰富的画笔资源，在【画笔】面板中提供了书法画笔、散点画笔、毛刷画笔、艺术画笔和图案画笔 5 种类型的画笔。单击面板菜单按钮，用户还可以打开面板菜单，通过该菜单中的命令进行新建、复制、删除画笔等操作，并且可以改变画笔类型的显示，以及面板的显示方式。

图 5-58　【画笔】面板

在【画笔】面板底部有 5 个按钮，其功能如下。

- 【画笔库菜单】按钮：单击该按钮可以打开画笔库菜单，从中可以选择所需要的画笔类型。
- 【移去画笔描边】按钮：单击该按钮可以将图形中的描边删除。
- 【所选对象的选项】按钮：单击该按钮可以打开画笔选项窗口，通过该窗口可以编辑不同的画笔形状。
- 【新建画笔】按钮：单击该按钮可以打开【新建画笔】对话框，使用该对话框可以创建新的画笔类型。

- ◉ 【删除画笔】按钮 🗑：单击该按钮可以删除选定的画笔类型。

⑤7.3 新建画笔

在【画笔】面板菜单中选择【新建画笔】命令或单击面板底部的【新建画笔】按钮，打开如图 5-59 所示的【新建画笔】对话框。在此对话框中可以选择新建哪种类型的画笔。

图 5-59 【新建画笔】对话框

> **提示**
>
> 如果要新建的是散点画笔和艺术画笔，在选择【新建画笔】命令之前必须有被选中的图形，若没有被选中的图形，在对话框中这两项均以灰色显示，不能被选中。

1. 新建书法画笔

选中【书法画笔】单选按钮后，单击【确定】按钮，打开【书法画笔选项】对话框，如图 5-60 所示。使用书法画笔绘制的效果，如图 5-61 所示。

图 5-60 【书法画笔选项】对话框

图 5-61 使用书法画笔

- ◉ 【角度】：如果要设定旋转的椭圆形角度，可在预览窗口中拖动箭头，也可以直接在角度文本框中输入数值。
- ◉ 【圆度】：如果要设定圆度，可在预览窗口中拖动黑点往中心点或往外以调整其圆度，也可以在【圆度】文本框中输入数值。数值越高，圆度越大。
- ◉ 【大小】：如果要设定画笔直径大小，可拖动直径滑杆上的滑块，也可在文本框中输入相应数值。

书法画笔设置完成后，就可以在【画笔】面板中选择这个画笔进行路径的勾画。此时仍然可以使用【描边】面板中的【粗细】选项来设置路径的宽度，但其他选项对其不再起作用。路径绘制完成后，同样可以对其中的节点进行调整。

2. 新建散点画笔

在新建散点画笔之前，必须在页面上选中一个图形对象，而且此图形中不能包含使用画笔效果的路径、渐变色和渐层网格等。选择好图形后，单击【画笔】面板下方的【新建画笔】按钮，然后在打开的对话框里选中【散点画笔】单选按钮，单击【确定】按钮后打开【散点画笔选项】对话框，如图 5-62 所示。使用散点画笔绘制的效果，如图 5-63 所示。

图 5-62　【散点画笔选项】对话框

图 5-63　使用散点画笔

- 大小：控制对象的大小。
- 间距：控制对象之间的距离
- 分布：控制路径两侧对象与路径之间接近的程度。数值越高，对象与路径之间的距离越远。
- 旋转：控制对象的旋转角度
- 方法：可以在其下拉列表中选择上色方式。

3. 新建艺术画笔

和新建散点画笔类似，在新建艺术画笔之前，页面上必须有选中的图形，并且此图形中不包含使用画笔设置的路径、渐变色以及渐层网格等。在【新建画笔】对话框中选中【艺术画笔】单选按钮，单击【确定】按钮，打开【艺术画笔选项】对话框，如图 5-64 所示。使用艺术画笔绘制的效果，如图 5-65 所示。

图 5-64　【艺术画笔选项】对话框

图 5-65　使用艺术画笔

【例 5-10】在 Illustrator 中，创建自定义艺术画笔。

(1) 打开图形文档，使用【选择】工具选中图形对象。然后单击【画笔】面板中的【新建画笔】按钮，在弹出的【新建画笔】对话框中选择【艺术画笔】单选按钮，然后单击【确定】按钮，如图 5-66 所示。

 提示

编辑艺术画笔的方法与前面几种画笔的编辑方法基本相同。不同的是艺术画笔选项窗口的右边有一排方向按钮，选择不同的按钮可以指定艺术画笔沿路径的排列方向。← 指定图稿的左边为描边的终点；→ 指定图稿的右边为描边的终点；↑ 指定图稿的顶部为描边的终点；↓ 指定图稿的底部为描边的终点。

图 5-66　新建图案画笔

(2) 打开【艺术画笔选项】对话框，【宽度】相对于原宽度调整图稿的宽度。【画笔缩放选项】用于设置图稿缩放。【横向翻转】或【纵向翻转】复选框可以改变图稿相对于线条的方向。在对话框的【名称】文本框中输入"干画笔"，然后单击【确定】按钮，接着使用【画笔】工具，在画面中拖动，即可得到如图 5-67 所示的效果。

图 5-67　设置艺术画笔选项

4. 新建图案画笔

在【新建画笔】对话框中选中【图案画笔】单选按钮，单击【确定】按钮，打开【图案画笔选项】对话框，如图 5-68 所示。使用图案画笔绘制效果，如图 5-69 所示。

图 5-68 【图案画笔选项】对话框 　　　　图 5-69 使用图案画笔

【例5-11】在 Illustrator 中，创建自定义图案画笔。

(1) 在工具箱中选择【选择】工具框选图形，如图 5-70 所示。

(2) 然后单击【画笔】面板中的【新建画笔】按钮，在弹出【新建画笔】对话框中选择【图案画笔】单选按钮，如图 5-71 所示。

图 5-70 选择对象 　　　　　　　　图 5-71 设置【新建画笔】对话框

(3) 单击【确定】按钮，在打开的【图案画笔选项】对话框中，设置【间距】为 30%，如图 5-72 所示，单击【确定】按钮关闭对话框。

(4) 选择工具箱中的【画笔】工具，在画面中拖动，即可得到如图 5-73 所示的效果。

图 5-72 设置【图案画笔选项】对话框 　　　　图 5-73 使用图案画笔

5. 新建毛刷画笔

使用毛刷画笔可以创建自然、流畅的画笔描边，模拟使用真实画笔和纸张绘制效果。可以从预定义库中选择画笔，或从提供的笔尖形状创建自己的画笔。还可以设置其他画笔的特征，如毛刷长度、硬度和色彩不透明度。

在【新建画笔】对话框中选中【毛刷画笔】单选按钮，单击【确定】按钮，打开【毛刷画笔选项】对话框，如图 5-74 所示。在【形状】下拉列表中，可以根据绘制的需求选择不同形状的毛刷笔尖形状，如图 5-75 所示。

图 5-74 【毛刷画笔选项】对话框

图 5-75 选择笔尖形状

通过鼠标使用毛刷画笔时，仅记录 X 轴和 Y 轴的移动。其他的输入，如倾斜、方位、旋转和压力保持固定，从而产生均匀一致的笔触。

通过图形绘图板使用毛刷画笔时，Illustrator 将对光笔在绘图板上的移动进行交互式跟踪。它将解释在绘制路径的任一点输入的其方向和压力的所有信息。Illustrator 可提供光笔 X 轴位置、Y 轴位置、压力、倾斜、方位和旋转上作为模型的输出。

⑤.7.4 画笔的修改

使用鼠标双击【画笔】面板中要进行修改的画笔，打开该类型画笔的画笔选项对话框。此对话框和新建画笔时的对话框相同，只是多了一个【预览】选项。修改对话框中各选项的数值，通过【预览】选项可进行修改前后的对比。设置完成后，单击【确定】按钮，如果在工作页面上有使用此画笔绘制的路径，会打开如图 5-76 所示的提示对话框。

其中的【应用于描边】按钮表示把改变后的画笔应用到路径中。对于不同类型的画笔，【保留描边】按钮的含义也有所不同。在书法画笔、散点画笔以及图案画笔改变后，在打开的提示对话框中单击此按钮，表示对页面上使用此画笔绘制的路径不做改变，而以后使用此画笔绘制的路径则使用新的画笔设置。在艺术画笔改变后，单击此按钮表示保持原画笔不变，产生一个新设置情况下的画笔。单击【取消】按钮表示取消对画笔所做的修改。

如果需要修改用画笔绘制的线条，但不更新对应的画笔样式，选择该线条，单击【画笔】面板中的【所选对象的选项】按钮。根据需要设置打开的【描边选项】对话框，然后单击【确定】按钮即可，如图 5-77 所示。

图 5-76　画笔更改警告对话框　　　　　　　图 5-77　【描边选项】对话框

⑤.7.5　删除画笔

对于在工作页面中用不到的画笔，可简便地将其删除。在【画笔】面板菜单中选择【选择所有未使用的画笔】命令，然后单击【画笔】面板中的【删除画笔】按钮，在打开的提示对话框中单击【确定】按钮就可以删除这些无用的画笔，如图 5-78 所示。当然，也可以手动选择无用的画笔进行删除。若要连续选择几个画笔，可以在选取时按住键盘上的 Shift 键；若选择的画笔在面板中不同的部分，可以按住键盘上的 Ctrl 键逐一选择。

图 5-78　删除画笔

如果要删除在工作页面上用到的画笔，删除时会打开警告对话框，如图 5-79 所示。【扩展描边】按钮表示把画笔删除后，使用此画笔绘制的路径会自动转变为画笔的原始图形状态。【删除描边】按钮表示从路径中移走此画笔绘制，代之以描边框中的颜色。【取消】按钮表示取消删除画笔的操作。

图 5-79　删除画笔警告对话框

⑤.7.6　移除画笔

选择一条用画笔绘制的路径，单击【画笔】面板菜单按钮，在菜单中选择【移去画笔描边】

命令，或者单击【移去画笔描边】按钮即可删除画笔描边，如图 5-80 所示。在 Illustrator 中，还可以通过选择【画笔】面板或控制面板中的基本画笔来删除画笔描边效果。

图 5-80　移去画笔描边

5.7.7　输入画笔

画笔库是 Illustrator 自带的预设画笔的合集。选择【窗口】|【画笔库】命令，然后从子菜单中选择一种画笔库打开。也可以使用【画笔】面板菜单来打开画笔库，从而选择不同风格的画笔，如图 5-81 所示。要在启动 Illustrator 时自动打开画笔库，可以在画笔库面板菜单中选择【保持】命令。

图 5-81　打开画笔库面板

如果想要将某个画笔库中的画笔复制到【画笔】面板，可以直接将画笔拖到【画笔】面板中，或者单击该画笔即可。如果想要快速地将多个画笔从画笔库面板复制到【画笔】面板中，可以在【画笔库】面板中按住 Ctrl 键同时选中所需要复制的画笔，然后在画笔库的面板菜单中选择【添加到画笔】命令即可，如图 5-82 所示。

图 5-82　复制画笔

5.8　【斑点画笔】工具

使用【斑点画笔】工具可以绘制有填充、无描边的形状，以便与具有相同颜色的其他形状进行交叉和合并。双击工具箱中的【斑点画笔】工具，可以打开【斑点画笔工具选项】对话框，如图 5-83 所示。

- 【保持选定】：指定绘制合并路径时，所有路径都将被选中，并且在绘制过程中保持被选中状态。该选项在查看包含在合并路径中的全部路径时非常有用。选择该选项后，【选区限制合并】选项将被停用。
- 【仅与选区合并】：指定如果选择了图稿，则【斑点画笔】只可与选定的图稿合并。如果没有选择图稿，则【斑点画笔】可以与任何匹配的图稿合并。
- 【保真度】：控制绘制路径时应用的平滑量。向左拖动滑块，所画路径上的锚点越多，与画笔移动的方向差别越小；向右拖动滑块，所画路径上的锚点越少，所画路径与画笔移动的方向差别越大。
- 【大小】：用于决定画笔的大小。
- 【角度】：用于决定画笔旋转的角度。拖动预览区中的箭头，或在【角度】数值框中输入数值。
- 【圆度】：用于决定画笔的圆度。将预览中的黑点朝向或背离中心方向拖动，或者在【圆度】数值框中输入数值，该值越大，圆度就越大。

图 5-83　【斑点画笔工具选项】对话框

> **知识点**
>
> 如果希望将【斑点画笔】工具创建的路径与现有的图稿合并，首先要确保图稿有相同的填充颜色并没有描边。用户还可以在绘制前，在【外观】面板中设置上色属性、透明度等。

计算机基础与实训教材系列

5.9　图案

Illustrator 提供了很多图案，用户可以通过【色板】面板来使用这些图案填充对象。同时，用户还可以自定义现有的图案，或使用绘制工具创建自定义图案。

5.9.1　使用图案

在 Illustrator 中，图案可用于轮廓和填充，也可以用于文本。但要使用图案填充文本时，要先将文本转换为路径。

【例5-12】在 Illustrator 中，使用图案填充图形。

(1) 在图形文档中使用【钢笔】工具绘制图形，并使用【选择】工具选中需要填充图案的图形，如图 5-84 所示。

(2) 选择【窗口】|【色板库】|【图案】|【基本图形】|【基本图形_点】命令，打开图案色板库。单击色板库右上角面板菜单按钮，在弹出的菜单中选择【大缩览图视图】命令，如图 5-85 所示。

图 5-84　绘制、选中图形　　　　　　　　图 5-85　打开图案色板库

(3) 从【基本图形_点】面板中单击【波浪形细网点】图案色板，即可填充选中的对象，如图 5-86 所示。

图 5-86　填充图案

💡 提示 ┈┈

　　在工具箱中单击【描边】选框，然后从【色板】面板中选择一个【图案】色板，即可填充对象描边填充图案，如图 5-87 所示。

图 5-87　填充描边

5.9.2　创建图案色板

在 Illustrator 中，除了系统提供的图案外，还可以创建自定义的图案，并将其添加到图案色板中。利用工具箱中的绘图工具绘制好图案后，使用【选择】工具选中图案，将其拖动到【色板】面板中，这个图案就能应用到其他对象的填充或轮廓上。

【例 5-13】在 Illustrator 中，创建自定义图案。

(1) 选择【文件】|【打开】命令，使用【选择】工具来选择组成图案，如图 5-88 所示。

(2) 选择【对象】|【图案】|【建立】命令，打开信息提示对话框和【图案选项】面板。在信息提示对话框中单击【确定】按钮，如图 5-89 所示。

图 5-88　选中图形　　　　　图 5-89　建立图案

计算机基础与实训教材系列

(3) 在【图案选项】面板中的【名称】文本框中输入"几何图形"，在【拼贴类型】下拉列表中选择【网格】选项，单击【保持宽度和高度比例】按钮，设置【宽度】数值为 25mm，在【份数】下拉列表选择【3×3】选项，然后单击绘图窗口顶部的【完成】按钮。该图案将显示在【色板】面板中，如图 5-90 所示。

图 5-90　编辑图案

 提示

用户也可以使用【选择】工具选中对象后，直接将对像拖曳到【色板】面板中创建图案色板，如图 5-91 所示。

图 5-91　创建图案色板

⑤9.3　图案单元的变换

除了创建自定义图案外，用户还可以对已有的图案色板进行编辑、修改和替换操作。

【例 5-14】在 Illustrator 中，编辑自定义图案。

(1) 确保图稿中未选择任何对象后，在【色板】面板中选择要修改的图案色板，并单击【编辑图案】按钮 ▤，在工作区中显示图案并显示【图案选项】对话框，如图 5-92 所示。

图 5-92　打开【图案选项】对话框

(2) 使用【选择】工具选中图形对象，并在【颜色】面板中调整颜色，编辑图案拼贴，如图 5-93 所示。

(3) 修改图案拼贴后，单击绘图窗口顶部的【完成】按钮保存图案编辑，如图 5-94 所示。

图 5-93　编辑图案　　　　　　　　　　　　图 5-94　存储图案

知识点

用户也可以将修改后的图案拖至【色板】面板空白处释放，可以将修改后的图案创建为新色板。

5.10　透视图

在 Illustrator 中，透视图工具可以在绘制透视效果时作为辅助工具，使对象以当前设置的透视规则进行变形。

5.10.1　透视网格预设

要在文档中查看默认的两点透视网格，可以选择【透视网格】工具在画布中显示出透视网格，或选择【视图】|【透视网格】|【显示网格】命令，或按 Ctrl+Shift+I 组合键显示透视网格，还可以使用相同的组合键来隐藏可见的网格，如图 5-95 所示。

在选择透视网格时，还将出现平面切换构件，如图 5-96 所示。在【平面切换构件】上的某个平面上单击即可将所选平面设置为活动的网格平面。在透视网格中，【活动平面】是指绘制对象的平面。使用快捷键 1 可以选中左侧网格平面；使用快捷键 2 可以选中水平网格平面；使用快捷键 3 可以选中右侧网格平面；使用快捷键 4 可以选中无活动的网格平面。

图 5-95　透视网格　　　　　　　　图 5-96　平面切换构件

在 Illustrator 中，还可以在【视图】|【透视网格】命令子菜单中可以进行透视网格预设的选择。其中包括一点透视、两点透视和三点透视，如图 5-97 所示。

图 5-97　一点透视、两点透视、三点透视

5.10.2　在透视中绘制新对象

在透视网格开启的状态下绘制图形时，所绘制的图形将自动沿网格透视进行变形。在平面切换构件中选择不同的平面时光标也会呈现不同形状。

【例5-15】在透视网格中创建对象。

(1) 在【平面切换构件】上单击【右侧网格平面】，然后单击工具箱中的【矩形】工具按钮，将光标移动到右侧网格平面上，此时光标显示为状态。单击并向右下方拖曳光标，此时可以看到绘制出了带有透视效果的矩形，如图5-98所示。

图5-98　绘制矩形

(2) 使用【渐变】工具在绘制的矩形上拖动填充渐变效果，如图5-99所示。

(3) 在【平面切换构件】上单击【左侧网格平面】，然后单击工具箱中的【矩形】工具，将光标移动到左侧网格平面上使用【矩形】工具拖动绘制，如图5-100所示。

图5-99　填充渐变　　　　　　　　　　　图5-100　绘制矩形

(4) 在【平面切换构件】上单击【水平网格平面】，单击工具箱中的【矩形】工具，在底部的水平网格区域单击并拖曳，即可绘制出带有透视感的矩形，如图5-101所示。

(5) 右击绘制的矩形，在弹出的快捷菜单中选择【排列】|【置于底层】命令，再选择【视图】|【透视网格】|【隐藏网格】命令，然后单击【渐变】面板中的【反转渐变】按钮，设置起始点色标【不透明度】为20%，并使用【渐变】工具填充对象，如图5-102所示。

图5-101　绘制矩形　　　　　　　　　　图5-102　隐藏网格

5.10.3 将对象附加到透视中

使用【透视选区】工具可以在透视网格中加入对象、文本和符号，以及在透视空间中移动、缩放和复制对象。向透视中加入现有对象或图稿时，所选对象的外观、大小将发生更改。在移动、缩放、复制和将对象置入透视时，透视选区工具将使对象与活动面板网格对齐，如图 5-103 所示。

> **知识点** -
>
> 如果在使用透视网格工具时按住 Ctrl 键，可以临时切换为透视选区工具；按下 Shift+V 组合键则可以切换到【透视选区】工具。

图 5-103 在透视网格中加入对象

若要将常规对象加入透视网格中，可以使用【透视选区】工具选择对象，然后通过使用【平面切换构件】或快捷键选择要置入对象的活动平面，直接将对象拖放到所需位置即可。

【例 5-16】将对象加入到透视网格中。

(1) 单击工具箱中的【透视网格】工具按钮，画面中出现了透视网格，导入需要置入的矢量对象，如图 5-104 所示。

(2) 在【平面切换构件】中单击【右侧网格平面】，然后单击工具箱中的【透视选区】工具，选中需要置入透视网格的对象，单击并拖动到右侧透视网格中，如图 5-105 所示。

图 5-104 置入图像

图 5-105 将对象加入透视网格

(3) 使用【透视选区】工具将光标移动到对象的一角处，单击并向外拖动即可在保持透视效果的状态下放大对象，如图 5-106 所示。

图 5-106　放大对象

计算机基础与实训教材系列

提示

选择【对象】|【透视】|【附加到现用平面】命令，也可以将已经创建了的对象放置到透视网格的活动平面上。

⑤10.4　使用透视释放对象

如果要释放带有透视图的对象，选择【对象】|【透视】|【通过透视释放】命令，或右击鼠标在弹出的快捷菜单中选择【透视】|【通过透视释放】命令。所选对象将从相关的透视平面中释放，并可作为正常图稿使用，如图 5-107 所示。使用【通过透视释放】命令后再次移动对象，对象形状不再发生变化。

图 5-107　通过透视释放

⑤.11　上机练习

本章的上机练习通过制作饮料瓶标贴，使用户更好地掌握本章所介绍的对象填充操作的方法和技巧。

(1) 选择【矩形】工具在画板中单击，打开【矩形】对话框。在对话框中，设置【宽度】为 134mm，【高度】为 75mm，然后单击【确定】按钮创建矩形，如图 5-108 所示。

(2) 选择【对象】|【路径】|【添加锚点】命令在矩形的四边中点添加锚点，使用【直接选择】工具选中顶边的中间锚点，右击鼠标，在弹出的菜单中选择【变换】|【移动】命令，打开【移动】对话框。在对话框中，设置【垂直】为-10mm，然后单击【确定】按钮，并单击控制面板上的【将所选锚点转换为平滑】按钮，如图 5-109 所示。

图 5-108　绘制矩形　　　　　　　　　　　图 5-109　移动锚点

(3) 使用【直接选择】工具选中底边的中间锚点，右击鼠标，在弹出的菜单中选择【变换】|【移动】命令，打开【移动】对话框。在对话框中，设置【垂直】为 10mm，然后单击【确定】按钮，并单击控制面板上的【将所选锚点转换为平滑】按钮，如图 5-110 所示。

图 5-110　移动锚点

(4) 选择【选择】工具，在【渐变】面板，取消描边色，设置填充渐变色为 C=0 M=5 Y=20 K=0 至白色至 C=0 M=5 Y=20 K=0，角度为 45°，如图 5-111 所示。

(5) 在图形上右击鼠标，在弹出的菜单中选择【变换】|【缩放】命令，打开【比例缩放】对话框。在对话框中设置【等比】为 98%，然后单击【复制】按钮，并在【渐变】面板中设置渐变角度为 0°，如图 5-112 所示。

图 5-111　填充渐变　　　　　　　　　　　图 5-112　缩放复制

(6) 使用【钢笔】工具在页面中绘制一个倒三角形，并在【渐变】面板中设置渐变颜色效果，并设置【角度】数值为-90°，如图 5-113 所示。

(7) 选择【效果】|【扭曲和变换】|【变换】命令，打开【变换效果】对话框。在对话框中，设置【角度】数值为 6°，份数为 59 份，然后单击【确定】按钮变换图形，如图 5-114 所示。

图 5-113 绘制图形

图 5-114 变换图形

(8) 选中步骤(5)中复制创建的图形对象，按 Ctrl+C 组合键复制，按 Ctrl+F 组合键粘贴。然后再右击鼠标，在弹出菜单中选择【排列】|【置于顶层】命令，按 Shift 键选中步骤(7)中创建的变换的图形，右击鼠标，在弹出的菜单中选择【建立剪切蒙版】命令，如图 5-115 所示。

图 5-115 建立剪切蒙版

(9) 使用【选择】工具选中最初创建的图形，选择【效果】|【风格化】|【投影】命令，打开【投影】对话框。在对话框中，设置【不透明度】为 50%，【X 位移】、【Y 位移】和【模糊】为 1mm，然后单击【确定】按钮，如图 5-116 所示。

图 5-116 应用投影

(10) 选择【椭圆】工具在画板中绘制椭圆形，并使用【选择】工具旋转移动椭圆形位置，然后在【色板】面板中单击【CMYK 青】色板，如图 5-117 所示。

(11) 选择【窗口】|【画笔库】|【艺术效果】|【艺术效果_画笔】命令，打开【艺术效果_画笔】面板，并单击【速绘画笔 3】画笔样式，如图 5-118 所示。

图 5-117 绘制椭圆形   图 5-118 应用画笔样式

(12) 使用【钢笔】工具绘制图形，在【渐变】面板中设置渐变填充颜色 C=1 M=40 Y=88 K=0 至 C=2 M=75 Y=96 K=0 至 C=27 M=100 Y=100 K=0，然后选择【渐变】工具调整渐变效果，如图 5-119 所示。

(13) 使用【钢笔】工具绘制图形，在【渐变】面板中设置渐变填充颜色 C=2 M=34 Y=88 K=0 至 C=2 M=70 Y=95 K=0 至 C=22 M=100 Y=100 K=0，如图 5-120 所示。

图 5-119 绘制填充图形(1)   图 5-120 绘制填充图形(2)

(14) 使用【钢笔】工具绘制图形，在【渐变】面板中设置渐变填充颜色 C=3 M=25 Y=73 K=0 至 C=2 M=53 Y=76 K=0 至 C=15 M=85 Y=71 K=0，然后选择【渐变】工具调整渐变效果，如图 5-121 所示。

(15) 使用【钢笔】工具绘制图形，在【渐变】面板中设置渐变填充颜色 C=4 M=24 Y=86 K=0 至 C=1 M=61 Y=93 K=0 至 C=15 M=99 Y=100 K=0，如图 5-122 所示。

图 5-121 绘制填充图形(3)   图 5-122 绘制填充图形(4)

(16) 使用【钢笔】工具绘制图形，并在【颜色】面板中设置填充颜色 C=47 M=73 Y=89 K=10，如图 5-123 所示。

计算机 基础与实训教材系列

(17) 使用【钢笔】工具绘制图形，并在【颜色】面板中设置填充颜色 C=56 M=75 Y=100 K=30，如图 5-124 所示。

图 5-123　绘制填充图形(5)　　　　　图 5-124　绘制填充图形(6)

(18) 使用【椭圆】工具绘制图形，并在【颜色】面板中设置填充颜色 C=31 M=79 Y=96 K=0。使用【选择】工具选中圆形，在【符号】面板中单击【新建符号】按钮，打开【符号选项】对话框，单击【确定】按钮新建符号，如图 5-125 所示。

(19) 使用【符号喷枪】工具，在苹果上添加符号组。再使用【符号缩放】工具，配合 Alt 键缩小符号，并按 Ctrl+C 组合键复制符号，按 Ctrl+V 组合键粘贴符号，同时旋转移动调整符号，如图 5-126 所示。

图 5-125　新建符号　　　　　　　图 5-126　添加符号

(20) 使用【选择】工具全选苹果图形，按 Ctrl+G 组合键群组，并调整其位置，如图 5-127 所示。

(21) 使用【钢笔】工具绘制图形，在【渐变】面板中设置【类型】为【线性】，设置渐变填充颜色 C=42 M=100 Y=100 K=9 至 C=2 M=75 Y=96 K=0，然后选择【渐变】工具调整渐变效果，如图 5-128 所示。

图 5-127　调整图形　　　　　　　图 5-128　绘制图形(1)

(22) 使用【钢笔】工具绘制图形，在【渐变】面板中设置【类型】为【径向】，设置渐变填充颜色 C=1 M=2 Y=11 K=0 至 C=5 M=20 Y=85 K=0，然后选择【渐变】工具调整渐变效果，如图 5-129 所示。

(23) 使用【钢笔】工具绘制图形，在【渐变】面板中设置【类型】为【线性】，设置渐变填充颜色 C=1 M=2 Y=11 K=0 至 C=5 M=20 Y=85 K=0，然后选择【渐变】工具调整渐变效果，如图 5-130 所示。

图 5-129　绘制图形(2)

图 5-130　绘制图形(3)

(24) 使用【钢笔】工具绘制图形，在【渐变】面板中设置【类型】为【线性】，设置渐变填充颜色 C=56 M=75 Y=100 K=30 至 C=4 M=7 Y=48 K=0 至 C=2 M=1 Y=22 K=0 至 C=4 M=7 Y=48 K=0 至 C=56 M=75 Y=100 K=30，然后选择【渐变】工具调整渐变效果，如图 5-131 所示。

(25) 按 Ctrl+C 组合键复制，再按 Ctrl+F 组合键粘贴刚创建的图形，并略缩小图形。在【渐变】面板中，设置【类型】为【径向】，设置渐变填充颜色 C=1 M=2 Y=10 K=0 至 C=5 M=20 Y=85 K=0，然后选择【渐变】工具调整渐变效果，如图 5-132 所示。

图 5-131　绘制图形(4)

图 5-132　复制图形

(26) 使用【钢笔】工具绘制图形，并在【颜色】面板中设置填充颜色 C=5 M=11 Y=63 K=0，如图 5-133 所示。

(27) 使用【钢笔】工具绘制图形，在【渐变】面板中设置【类型】为【线性】，设置渐变填充颜色 C=56 M=75 Y=100 K=30 至 C=27 M=57 Y=85 K=0，如图 5-134 所示。

(28) 按住 Shift 键选中步骤(26)和步骤(27)中的图形，按 Ctrl+G 组合键群组对象，并单击右键，在弹出的菜单中选择【变换】|【对称】命令，打开【镜像】对话框。在对话框中设置【角度】数值为-69°，然后单击【复制】按钮，如图 5-135 所示。

图 5-133　绘制图形(5)　　　　　　　　　　图 5-134　绘制图形(6)

(29) 使用【选择】工具选中步骤(23)中绘制的图形，右击鼠标，在弹出的菜单中选择【排列】|【置于顶层】命令，如图 5-136 所示。

图 5-135　镜像对象　　　　　　　　　　　图 5-136　置于顶层

(30) 全选苹果图形，按 Ctrl+G 组合键群组，并移动至标贴上，再按 Ctrl+[组合键调整图形排列，如图 5-137 所示。

(31) 选择【文字】工具，在【颜色】面板中单击 C=15 M=100 Y=90 K=10 色板，然后按 Ctrl+T 组合键打开【字符】面板，在面板中设置字体样式为 Cooper Black，字体大小为 60pt，然后输入文字内容，如图 5-138 所示。

图 5-137　编辑对象　　　　　　　　　　　图 5-138　输入文字

(32) 选择【选择】工具选中文字，按 Ctrl+C 组合键复制，按 Ctrl+B 组合键粘贴，在【颜色】面板中设置描边色为白色，在【描边】面板中，设置【粗细】为 5pt，如图 5-139 所示。

(33) 选中两组文字，按 Ctrl+G 组合键群组，并单击控制面板中的【制作封套】按钮，打开【变形选项】对话框。在对话框中【样式】下拉列表中选择【拱形】选项，设置【弯曲】为 30%，【水平】为-30%，【垂直】为-15%，然后单击【确定】按钮，如图 5-140 所示。

图 5-139 调整文字   图 5-140 变形文字

(34) 调整变形文字位置及角度，然后选择【文字】工具，在【字符】面板中设置字体样式为 Brush Script MT Italic，字体大小为 21pt，再输入文字内容，如图 5-141 所示。

图 5-141 输入文字

(35) 选择【选择】工具，按 Ctrl+C 组合键复制刚输入的文字，按 Ctrl+B 组合键粘贴，在【颜色】面板中设置描边色为白色，在【描边】面板中，设置【粗细】为 2pt，如图 5-142 所示。

(36) 选中步骤(5)中创建的对象，按 Ctrl+C 组合键复制，按 Ctrl+B 组合键粘贴，在【色板】面板中单击【CMYK 黄】色板，在【透明度】面板中设置不透明度为 40%，如图 5-143 所示。

图 5-142 复制调整文字   图 5-143 复制调整图形

⑤.12 习题

1. 绘制如图 5-144 所示的图案，并创建新符号样式，使用【符号喷枪】工具应用符号。

2. 绘制如图 5-145 所示的促销单效果。

图 5-144　符号　　　　　　　　　　　　图 5-145　促销单

3. 使用【钢笔】工具绘制如图 5-146 所示图形，并填充图案。

图 5-146　填充图案

第6章

艺术外观效果

学习目标

Illustrator 中提供了多种滤镜和效果，其中滤镜还包含了 Photoshop 中的大部分滤镜。合理使用这些滤镜和效果可以模拟和制作摄影、印刷与数字图像中的多种特殊效果，制作出丰富多彩的画面，改变图形对象的外观效果。

本章重点

- 外观属性
- 使用效果
- 图形样式

6.1 外观属性

外观属性是一组在不改变对象基础结构的前提下影响对象外观的属性。外观属性包括填色、描边、透明度和效果。如果把一个外观属性应用于某个对象后又编辑或删除这个属性，则该基本对象以及任何应用于该对象的其他属性都不会改变。

6.1.1 【外观】面板

用户可以使用【外观】面板来查看和调整对象、组或图层的外观属性。选择【窗口】|【外观】命令，打开【外观】面板。在【外观】面板中，填充和描边将按堆栈顺序列出，面板中从上到下的顺序对应于图稿中从前到后的顺序,各种效果按其在图稿中的应用顺序从上到下排列，如图 6-1 所示。

图 6-1 【外观】面板

⑥.1.2 调整属性的层次

在【外观】面板中向上或向下拖动外观属性可以更改外观属性的堆栈顺序，如图 6-2 所示。当所拖动的外观属性的轮廓出现在所需位置时，释放鼠标即可更改外观属性的堆栈顺序。

提示

当已经为现有的某一图形调整好外观属性，并希望将它直接应用于接下来要绘制的新图形对象时，可取消选择【外观】面板菜单中的【新建图稿具有基本外观】命令。

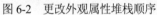

图 6-2 更改外观属性堆栈顺序

⑥.1.3 编辑或添加效果

在【外观】面板中的属性行中，单击带下划线的文本可以打开相应面板重新设定参数值，如图 6-3 所示。

图 6-3 使用【外观】面板

【例6-1】在 Illustrator 中，使用【外观】面板编辑图形外观。

(1) 选择【文件】|【打开】命令，打开图形文件，并打开【外观】面板，如图 6-4 所示。

图 6-4　打开图形文件

(2) 在【外观】面板中，双击【填色】打开色板面板选中颜色色板，更改对象外观填充颜色，如图 6-5 所示。

图 6-5　设置填色

(3) 在【外观】面板中，单击【不透明度】链接，打开【透明度】面板，选择混合模式【变亮】，【不透明度】数值为 85%，更改对象外观，如图 6-6 所示。

图 6-6　设置不透明度

⑥.1.4　复制属性

在【外观】面板中选择一种属性，然后单击面板中的【复制所选项目】按钮，或在面板菜单中选择【复制项目】命令，或将外观属性拖动到面板的【复制所选项目】按钮上，以复制外观属性。

　　使用【吸管】工具也可以在对象间复制外观属性，其中包括文字对象的字符、段落、填色和描边属性。单击【吸管】工具以对所有外观属性取样，并将其应用于所选对象上。或者在按住 Shift 键的同时单击，则仅对渐变、图案、网格对象或置入图像的一部分进行颜色取样，并将所选取颜色应用于所选填色或描边。按住 Shift 键，再按住 Alt 键并单击，则将一个对象的外观属性添加到所选对象的外观属性中。

图 6-7　【吸管选项】对话框

> **提示**
>
> 　　双击【吸管】工具，可以打开如图 6-7 所示的【吸管选项】对话框。在其中可以设置【吸管】工具可取样的外观属性。如果要更改栅格取样大小，还可以从【栅格取样大小】下拉列表中选择取样大小区域。

　　【例 6-2】在 Illustrator 中，复制图形对象外观属性。

　　(1) 选择【文件】|【打开】命令，选择打开图形文件，并使用【选择】工具选中一个图形，打开【外观】面板，如图 6-8 所示。

图 6-8　选中图形

　　(2) 将光标移动到【外观】面板左上角的图标上，然后按住鼠标拖动至另一个图形上，释放鼠标即可复制外观属性，如图 6-9 所示。

图 6-9　复制外观属性

⑥.1.5　删除、隐藏属性

若要删除所有的外观属性，可单击【外观】面板中的【清除外观】按钮，或在面板菜单中选择【清除外观】命令，如图 6-10 所示。

图 6-10　删除外观属性

要启用或禁用单个属性，可单击该属性旁的可视图标 。可视图标呈灰色时，即切换到不可视状态。如果有多个被隐藏的属性，要想同时启用所有隐藏的属性，可在【外观】面板菜单中选择【显示所有隐藏的属性】命令。

⑥.2　使用效果

效果是实时的，这就意味着可以给对象应用一个效果，然后使用【外观】面板随时修改该效果的选项或删除该效果。向对象应用一个效果后，该效果会显示在【外观】面板中。在【外观】面板中可以编辑、移动、复制和删除该效果或将它存储为图形样式的一部分。

Illustrator 中的效果主要包含两大类：Illustrator 效果和 Photoshop 效果。Illustrator 效果主要用于矢量对象，但 3D 效果、SVG 效果、变形效果、变换效果、投影、羽化、内发光以及外发光效果也可以应用于位图对象。

⑥.2.1　应用效果命令

如果想对一个对象应用效果，可以选择该对象后，在【效果】菜单中选择一个命令，或单击【外观】面板中的【添加新效果】按钮，然后在弹出的菜单中选择一种效果。打开对话框设置相应的选项，然后单击【确定】按钮。

【例 6-3】在 Illustrator 中，应用效果命令制作图像效果。

(1) 选择【文件】|【打开】命令，选择打开图形文档，并使用【选择】工具选中图形对象，打开【外观】面板，如图 6-11 所示。

(2) 单击【外观】面板下方的【添加新效果】按钮，在弹出的菜单中选择【风格化】|【投影】命令，如图 6-12 所示。

图 6-11　选中图形

图 6-12　添加效果

(3) 在打开的【投影】对话框中，设置【不透明度】为 65%，【X 位移】为 0.5mm，【Y 位移】为 1mm，【模糊】数值为 1mm，单击【颜色】色块，在弹出的【拾色器】对话框中选择一种颜色，然后单击【确定】按钮应用效果，如图 6-13 所示。

图 6-13　【投影】效果

6.2.2　【栅格化】效果

在 Illustrator 中，栅格化是将矢量图转换为位图图像的过程。在栅格化过程中，Illustrator 会将图形路径转换为像素。选择【效果】|【栅格化】命令可以栅格化单独的矢量对象，也可以通过将文档导入为位图格式来栅格化文档。打开或选择好需要进行栅格化的图形，选择【效果】|【栅格化】命令，打开如图 6-14 所示的【栅格化】对话框。

- 【颜色模型】用于确定在栅格化过程中所用的颜色模式。
- 【分辨率】用于确定栅格化图像中的每英寸像素数。
- 【背景】用于确定矢量图形的透明区域如何转换为像素。
- 【消除锯齿】使用消除锯齿效果，以改善栅格化图像的锯齿边缘外观。
- 【创建剪切蒙版】创建一个使栅格画图像的背景显示为透明的蒙版。
- 【添加环绕对象】围绕栅格化图像添加指定数量的像素。

图 6-14 【栅格化】对话框

⑥.2.3 3D 效果组

3D 效果可用来从二维图稿创建三维对象，可以通过高光、阴影、旋转及其他属性来控制 3D 对象的外观，还可以将图稿贴到 3D 对象中的每一个表面上。

1.【凸出和斜角】效果

通过使用【凸出和斜角】命令可以沿对象的 Z 轴凸出拉伸一个 2D 对象，以增加对象的深度。选中要执行该效果的对象后，选择【效果】|3D|【凸出和斜角】命令，打开如图 6-15 所示的【3D 凸出和斜角选项】对话框进行设置即可。

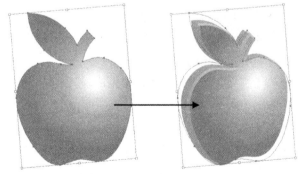

图 6-15 【3D 凸出和斜角选项】对话框

◉ 【位置】：在该下拉列表中选中不同的选项以设置对象如何旋转，以及观看对象的透视角度。在该下拉列表中提供了一些预置的位置选项，也可以通过右侧的三个数值框进行不同方向的旋转调整，还可以直接使用鼠标，在示意图中进行拖曳，调整相应的角度，如图 6-16 所示。

图 6-16　不同位置的效果

- ● 【透视】：通过调整该选项中的参数，调整该 3D 对象的透视效果，数值为 0°时没有任何效果，角度越大透视效果越明显。
- ● 【凸出厚度】：调整该选项中的参数，定义从 2D 图形凸出为 3D 图形时凸出的尺寸，数值越大凸出的尺寸越大。
- ● 【端点】：在该选项区域中单击不同的按钮，定义该 3D 图形是空心还是实心的。
- ● 【斜角】：在该下拉列表中选中不同的选项，定义沿对象的深度轴(Z 轴)应用所选类型的斜角边缘。
- ● 【高度】：在该选项的数值框中设置介于 1～100 的高度值。如果对象的斜角高度太大，则可能导致对象自身相交，产生不同的效果。
- ● 【斜角外扩】：通过单击按钮，将斜角添加至对象的原始形状。
- ● 【斜角内缩】：通过单击按钮，从对象的原始形状中砍去斜角。
- ● 【表面】：在该下拉列表中选中不同的选项，定义不同的表面底纹。

当要对对象材质进行更多的设置时，可以单击【3D 凸出和斜角选项】对话框中的【更多选项】按钮，展开更多的选项，如图 6-17 所示。

- ● 【光源强度】：在该数值框中输入相应的数值，在 0%～100%控制光源强度。
- ● 【环境光】：在该数值框中输入介于 0%～100%的相应数值，控制全局光照，统一改变所有对象的表面亮度。
- ● 【高光强度】：在该数值框中输入相应的数值，用来控制对象反射光的多少，取值范围为 0%～100%。较低值产生暗淡的表面，而较高值则产生较为光亮的表面。
- ● 【高光大小】：在该数值框中输入相应的数值，用来控制高光的大小。
- ● 【混合步骤】：在该数值框中输入相应的数值，用来控制对象表面所表现出来的底纹的平滑程度。步骤数值越高，所产生的底纹越平滑，路径也越多。
- ● 【底纹颜色】：在该下拉列表中选中不同的选项，控制对象的底纹颜色。

单击【3D 凸出和斜角选项】对话框中的【贴图】按钮，可以打开如图 6-18 所示的【贴图】对话框，用户可以为对象设置贴图效果。

- ● 【表面】：在该选项区域中的单击不同的按钮，可以查看 3D 对象的不同表面。
- ● 【符号】：在该下拉列表中选中不同的选项，定义在选中表面上的粘贴图形。
- ● 【变形】：在中间的缩略图区域中，可以对图形的尺寸、角度和位置进行调整。

- ◉ 【缩放以合适】：通过单击该按钮，可以直接调整该符号对象的尺寸至和表面的尺寸相同。
- ◉ 【清除】：通过单击该按钮，可以将认定的符号对象清除。
- ◉ 【贴图具有明暗调】：当选中该选项时，将在符号图形上将出现相应的光照效果。
- ◉ 【三维模型不可见】：当选中该选项时，将隐藏 3D 对象。

图 6-17　展开更多选项

图 6-18　【贴图】对话框

【例 6-4】在 Illustrator 中，制作立体感图标。

(1) 使用【圆角矩形】工具在页面中单击，在弹出的【圆角矩形】对话框中设置【宽度】和【高度】为 120mm，【圆角半径】为 10mm，然后单击【确定】按钮创建圆角矩形，如图 6-19 所示。

图 6-19　绘制圆角矩形

(2) 在【描边】面板中设置【粗细】为 19pt，单击【使描边外侧对齐】按钮，并在【渐变】面板中设置描边的渐变色效果，如图 6-20 所示。

(3) 选择菜单栏中的【效果】|3D|【凸出和斜角】命令，打开【3D 凸出和斜角选项】对话框。在对话框中设置【指定绕 X 轴旋转】为-5°，【指定绕 Y 轴旋转】为-5°，【指定绕 Z 轴旋转】为 0°，单击【确定】按钮应用设置，如图 6-21 所示。

图 6-20　设置描边

图 6-21　应用【凸出和斜角】

　　(4) 选择【文件】|【打开】命令，选择打开图形文档。并使用【选择】工具选中图形，在【符号】面板中，单击【新建符号】按钮，打开【符号选项】对话框。在对话框的【类型】下拉列表中选择【图形】选项，并在【名称】文本框中输入"文本"，然后单击【确定】按钮创建符号，如图 6-22 所示。

图 6-22　新建符号

　　(5) 在【外观】面板中单击【3D 凸出和斜角】链接，打开【3D 凸出和斜角选项】对话框。在打开的对话框中单击【贴图】按钮，打开【贴图】对话框。在【贴图】对话框中，通过【表面】选项框旁的三角箭头选择需要贴图的表面，选中的表面以红色线框显示，如图 6-23 所示。

图 6-23 选中表面

(6) 在【符号】下拉列表中选择先前制作的"文本"符号，并单击【缩放以合适】按钮，选择【贴图具有明暗调(较慢)】复选框，即可得到如图 6-24 所示效果。单击【确定】按钮应用贴图。

(7) 贴图完成后，单击【确定】按钮关闭【3D 凸出和斜角选项】对话框。

图 6-24 设置贴图

提示----------------------------------

在【贴图】对话框中，通过【表面】选项框旁的三角箭头选择需要贴图的表面，选中的表面以红色线框显示。

2.【绕转】效果

使用【绕转】效果，围绕全局 Y 轴绕转一条路径或剖面，使其做圆周运动，通过这种方法来创建对象。由于绕转轴是垂直固定的，因此用于绕转的开放或闭合路径应为所需 3D 对象面向正前方时垂直剖面的一半；可以在效果的对话框中旋转 3D 对象。选中要执行的对象，选择【效果】|3D|【绕转】命令，打开如图 6-25 所示的【3D 绕转选项】对话框。

- ⊙ 【位置】：在该下拉列表中选中不同的选项，设置对象如何旋转以及观看对象的透视角度。在该下拉列表中提供了一些预置的位置选项，也可以通过右侧的三个数值框进行不同方向的旋转调整，还可以直接使用鼠标，在示意图中进行拖曳，调整相应的角度。

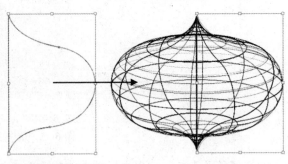

图 6-25　【3D 绕转选项】对话框

- ◉ 【透视】：通过调整该选项中的参数，调整该 3D 对象的透视效果，数值为 0°时没有任何效果，角度越大透视效果越明显。
- ◉ 【角度】：在该文本框中输入相应的数值，设置 0°～360°的路径绕转度数，如图 6-26 所示。

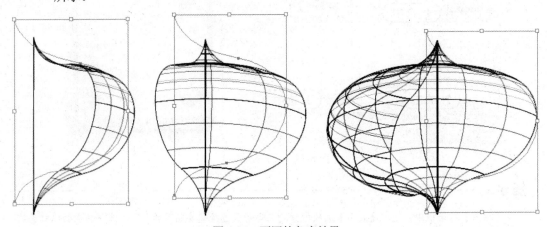

图 6-26　不同的角度效果

- ◉ 【端点】：指定显示的对象是实心还是空心对象。
- ◉ 【位移】：在绕转轴与路径之间添加距离。例如可以创建一个环状对象，可以输入一个介于 0 到 1000 之间的值。
- ◉ 【自】：设置对象绕之转动的轴，可以是左边缘，也可以是右边缘。

3.【旋转】效果

使用【旋转】命令可以使 2D 图形在 3D 空间中进行旋转，从而模拟出透视的效果。该命令只对 2D 图形有效，不能像【绕转】命令那样对图形进行绕转，也不能产生 3D 效果。

该命令的使用和【绕转】命令基本相同。绘制好一个图形，并选择【效果】|【3D】|【旋转】命令，在打开的【3D 旋转选项】对话框中可以设置图形围绕 X 轴、Y 轴和 Z 轴进行旋转的度数，使图形在 3D 空间中进行旋转，如图 6-27 所示。

图 6-27　旋转

- ⊙　【位置】：设置对象如何旋转以及观看对象的透视角度。
- ⊙　【透视】：可以调整图形透视的角度。在【透视】数值框中输入一个介于 0 和 160 之间的值。
- ⊙　【表面】：创建各种形式的表面，从暗淡、不加底纹的不光滑表面到平滑、光亮、看起来类似塑料的表面。
- ⊙　【更多选项】：单击该按钮，可以查看完整的选项列表；或单击【较少选项】按钮，可以隐藏额外的选项。

⑥.2.4　使用【SVG 效果】

　　【SVG 效果】是将图像描述为形状、路径、文本和效果的矢量格式。选择【效果】|【SVG 效果】命令，可以打开一组效果，选择【应用 SVG 效果】，即可打开【应用 SVG 效果】对话框。在该对话框的列表框中可以选择所需要的效果，选中【预览】复选框可以查看相应的效果，单击【确定】按钮执行相应的 SVG 效果，如图 6-28 所示。

图 6-28　SVG 效果

计算机 基础与实训教材系列

6.2.5 【变形】效果

使用【变形】效果可以使对象的外观形状发生变化。变形效果是实时的，不会永久改变对象的基本形状，可以随时修改或删除效果。选中一个或多个对象，选择【效果】|【变形】命令，在菜单中选择相应的选项，打开【变形选项】对话框，对其进行相应的设置，然后单击【确定】按钮，如图 6-29 所示。

图 6-29 【变形】效果

6.2.6 【扭曲和变换】效果组

【扭曲和变换】效果组可以对路径、文本、网格、混合以及位图图像使用一种预定义的变形进行扭曲或变换。在【扭曲和变换】效果组中提供了【变换】、【扭拧】、【扭转】、【收缩和膨胀】、【波纹效果】、【粗糙化】和【自由扭曲】7 种特效。

1. 【变换】效果

使用【变换】效果，通过重设大小、旋转、移动、镜像和复制的方法来改变对象形状。选中要添加效果的对象，选择【效果】|【扭曲和变换】|【变换】命令，打开如图 6-30 所示的【变换效果】对话框。

● 【缩放】：在该选项区域中分别调整【水平】和【垂直】文本框中的参数，定义缩放的比例。

● 【移动】：在该选项区域中分别调整【水平】和【垂直】数值框中的参数，定义移动的距离。

● 【角度】：在该数值框中输入相应的数值，定义旋转的角度，正值为顺时针旋转，负值为逆时针旋转，也可以拖曳右侧的控制柄，进行旋转的调整。

● 对称 X、Y：当选中【对称 X(X)】或【对称 Y(Y)】选项时，可以对对象进行镜像处理。

- ⦿ 定位器：在 选项区域中，通过单击相应的按钮，可以定义变换的中心点。
- ⦿ 【随机】：当选中该选项时，将对调整的参数进行随机的变换，而且每一个对象的随机数值并不相同。
- ⦿ 【副本】：在该数值框中输入相应的数值，对变换对象复制相应的份数。

图6-30　【变换效果】对话框

【例6-5】在 Illustrator 中，使用【变换】命令创建图案效果。

(1) 在图形文档中，选择【星形】工具在图形文档中绘制两个星形，并分别填充橘黄和红色。然后选择【混合】工具分别单击两个星形，创建混合如图6-31所示。

图6-31　创建混合

(2) 选择【对象】|【混合】|【混合选项】命令，打开【混合选项】对话框。在对话框的【间距】下拉列表中选择【指定的步数】选项，并设置数值为 3，然后单击【确定】按钮应用，如图6-32所示。

图6-32　编辑混合

(3) 选择【对象】|【混合】|【扩展】命令，扩展混合对象。选择【效果】|【扭曲和变换】|【变换】命令，打开【变换】对话框。在对话框中设置变换的中心点位置，设置移动【水平】为 10mm，旋转【角度】为 30°，【副本】为 12，然后单击【确定】按钮应用如图6-33所示。

图 6-33　应用【变换】效果

2. 【扭拧】效果

使用【扭拧】效果，可以随机地向内或向外弯曲或扭曲路径段，使用绝对量或相对量设置垂直和水平扭曲，指定是否修改锚点、移动通向路径锚点的控制点(【导入】控制点、【导出】控制点)。选中要添加效果的对象，选择【效果】|【扭曲和变换】|【扭拧】命令，打开如图6-34所示的【扭拧】对话框。

- 【水平】：通过调整该选项中的参数，定义该对象在水平方向的扭拧幅度。
- 【垂直】：通过调整该选项中的参数，定义该对象在垂直方向的扭拧幅度。
- 【相对】：当选中该选项时，将定义调整的幅度为原水平的百分比。
- 【绝对】：当选中该选项时，将定义调整的幅度为具体的尺寸。
- 【锚点】：当选中该选项时，将修改对象中的锚点。
- 【"导入"控制点】：当选中该选项时，将修改对象中的导入控制点。
- 【"导出"控制点】：当选中该选项时，将修改对象中的导出控制点。

图 6-34　【扭拧】对话框

3.【扭转】效果

使用【扭转】效果旋转一个对象，中心的旋转程度比边缘的旋转程度大。输入一个正值将顺时针扭转，输入一个负值将逆时针扭转。选中要添加效果的对象，选择【效果】|【扭曲和变换】|【扭转】命令，打开如图 6-35 所示的【扭转】对话框。在对话框的【角度】数值框中输入相应的数值，可以定义对象扭转的角度。

图 6-35　【扭转】对话框

4.【收缩和膨胀】效果

使用【收缩和膨胀】效果，在将线段向内弯曲(收缩)时，向外拉出矢量对象的锚点；或将线段向外弯曲(膨胀)时，向内拉入锚点。这两个选项都可相对于对象的中心点来拉伸锚点。选中要添加效果的对象，选择【效果】|【扭曲和变换】|【收缩和膨胀】命令，打开如图 6-36 所示的【收缩和膨胀】对话框。在对话框的【收缩/膨胀】数值框中输入相应的数值，对对象的膨胀或收缩进行控制，正值使对象膨胀，负值使对象收缩。

图 6-36　【收缩和膨胀】对话框

5.【波纹效果】

使用【波纹效果】，将对象的路径段变换为同样大小的尖峰和凹谷形成的锯齿和波形数组。使用绝对大小或相对大小设置尖峰与凹谷之间的长度。设置每个路径段的脊状数量，并在波形边缘或锯齿边缘之间做出选择。选择【效果】|【扭曲和变换】|【波纹效果】命令，打开如图

6-37 所示的【波纹效果】对话框。

图 6-37 【波纹效果】对话框

- 【大小】：通过调整该选项中的参数，定义波纹效果的尺寸。
- 【相对】：当选中该选项时，将定义调整的幅度为原水平的百分比。
- 【绝对】：当选中该选项时，将定义调整的幅度为具体的尺寸。
- 【每段的隆起数】：通过调整该选项中的参数，定义每一段路径出现波纹隆起的数量。
- 【平滑】：当选中该选项时，将使波纹的效果比较平滑。
- 【尖锐】：当选中该选项时，将使波纹的效果比较尖锐。

6. 【粗糙化】效果

使用【粗糙化】效果，可将矢量对象的路径段变形为各种大小的尖峰和凹谷的锯齿数组。使用绝对大小和相对大小设置路径段的最大长度。设置每英寸锯齿边缘的密度，并在圆滑边缘和尖锐边缘之间选择。选中要添加效果的对象，选择【效果】|【扭曲和变换】|【粗糙化】命令，打开如图 6-38 所示的【粗糙化】对话框。对话框中的参数设置与波纹效果设置类似，【细节】数值框用于定义粗糙化细节每英寸出现的数量。

图 6-38 【粗糙化】对话框

7. 【自由扭曲】效果

使用【自由扭曲】效果，可以通过拖动四个角中任意控制点的方式来改变矢量对象的形状。

选中要添加效果的对象，选择【效果】|【扭曲和变换】|【自由扭曲】命令，打开如图 6-39 所示的【自由扭转】对话框。在该对话框中的缩略图中拖曳四个角上的控制点，可以调整对象的变形。单击【重置】按钮可以恢复原始的效果。

图 6-39 【自由扭转】对话框

6 2.7 【转换为形状】效果组

【转换为形状】命令子菜单中共有 3 个命令，分别是【矩形】、【圆角矩形】、【椭圆】命令。使用这些命令可以把一些简单的图形转换为前面列举的这 3 种形状。

使用【转换为形状】子菜单中的【矩形】命令可以把其他一些形状转换为矩形。其操作比较简单，创建或选择图形后，在【转换为形状】子菜单中选择【矩形】命令，将会打开一个【形状选项】对话框。在该对话框中，可以设置要转换的形状的大小，如图 6-40 所示。

图 6-40 转换为形状

在【形状选项】对话框中设置好参数之后，单击【确定】按钮即可生成需要的形状。在【形状选项】对话框中也可以设置要改变的其他形状，如圆角矩形或椭圆。需要注意的是，不能把一些复杂的图形转换为矩形或者其他形状。

6.2.8 【风格化】效果组

在 Illustrator 中，【风格化】子菜单中有几个比较常用的效果命令，比如【内发光】、【外发光】、【羽化】命令等。

1. 内发光与外发光

在 Illustrator 中，使用【内发光】命令可以模拟在对象内部或者边缘发光的效果。选中需要设置内发光的对象后，选择【效果】|【风格化】|【内发光】命令，打开【内发光】对话框，设置好选项后，单击【确定】按钮即可，如图 6-41 所示。

图 6-41　内发光

- 【模式】：指定发光的混合模式。
- 【不透明度】：指定所需发光的不透明度百分比。
- 【模糊】：指定要进行模糊处理之处到选区中心或选区边缘的距离。
- 【中心】：使用从选区中心向外发散的发光效果。
- 【边缘】：使用从选区内部边缘向外发散的发光效果。

外发光命令的使用与内发光命令相同，只是产生的效果不同而已。选择【效果】|【风格化】|【外发光】命令，打开【外发光】对话框，设置好选项后，单击【确定】按钮即可，如图 6-42 所示。

图 6-42　外发光

2. 圆角

在 Illustrator 中，使用【圆角】命令可以使带有锐角边的图形产生圆角效果，从而获得一种更加自然的效果。其操作非常简单，绘制好图形或选择需要修改为圆角的图形后，选择【效

果】|【风格化】|【圆角】命令，打开【圆角】对话框，并根据需要设置好参数，如图 6-43 所示。在【圆角】对话框中设置好参数后，单击【确定】按钮即可获得圆角效果。

图 6-43　圆角

3. 投影

使用【投影】命令可以在一个图形的下方产生投影效果。其操作非常简单，绘制好图形或选择需要投影的形状后，选择【效果】|【风格化】|【投影】命令，打开【投影】对话框，并根据需要设置好参数。在【投影】对话框中设置好参数后，单击【确定】按钮即可获得投影效果，如图 6-44 所示。

- ◉　【模式】：用于指定投影的混合模式。
- ◉　【不透明度】：用于指定所需的投影不透明度百分比。
- ◉　X 位移和 Y 位移：用于指定希望投影偏离对象的距离。
- ◉　【模糊】：用于指定要进行模糊处理之处到阴影边缘的距离。
- ◉　【颜色】：用于指定阴影的颜色。
- ◉　【暗度】：用于指定希望为投影添加的黑色深度百分比。

图 6-44　投影

4. 涂抹

在 Illustrator 中，涂抹效果也是经常使用到的一种效果。使用该命令可以把图形转换成各种形式的草图或涂抹效果。添加该效果后，图形将以不同的颜色和线条形式来表现原来的图形。选择好需要进行涂抹的对象或组，或在【图层】面板中确定一个图层。选择【效果】|【风格化】|【涂抹】命令，打开【涂抹选项】对话框。设置完成后，单击【确定】按钮即可，如图 6-45 所示。

- ⊙ 【角度】：用于控制涂抹线条的方向。可以单击角度图标中的任意点，然后围绕角度图标拖动角度线，或在【角度】文本框中输入一个介于-179°～180°的值(如果输入一个超出此范围的值，则该值将被转换为与其相当且处于此范围内的值)。

- ⊙ 【路径重叠】：用于控制涂抹线条在路径边界内部距路径边界的量或路径边界外距路径边界的量。负值表示将涂抹线条控制则在路径边界内部，正值则表示将涂抹线条延伸至路径边界外部。

- ⊙ 【变化】(适用于路径重叠)：用于控制涂抹线条彼此之间的相对长度差异。

- ⊙ 【描边宽度】：用于控制涂抹线条的宽度。

- ⊙ 【曲度】：用于控制涂抹曲线在改变方向之前的曲度。

- ⊙ 【变化】(适用于曲度)：用于控制涂抹曲线之间的相对曲度差异大小。

- ⊙ 【间距】：用于控制涂抹线条之间的折叠间距量。

- ⊙ 【变化】(适用于间距)：用于控制涂抹线条之间的折叠间距差异量。

图 6-45　涂抹

5. 羽化

在 Illustrator 中，使用【羽化】命令可以制作出图形边缘虚化或过渡的效果。选择好需要进行羽化的对象或组，或在【图层】面板中确定一个图层，选择【效果】|【风格化】|【羽化】命令，打开【羽化】对话框，如图 6-46 所示。设置好对象从不透明到透明的中间距离，并单击【确定】按钮即可。

图 6-46　羽化

6.2.9　Photoshop 效果与【效果画廊】命令

在 Illustrator 中效果除了 Illustrator 效果外，还包含 Photoshop 效果。Photoshop 效果既可以应用于位图对象的编辑处理，也可以应用于矢量对象。Illustrator 中的 Photoshop 效果与 Adobe Photoshop 中的滤镜效果非常相似，而【效果画廊】与 Photoshop 中的【滤镜库】也大致相同。Photoshop 效果的使用可以参考 Adobe Photoshop 中的滤镜使用。

效果画廊是一个集合了大部分常用效果的对话框。在效果画廊中，可以对某一对象应用一个或多个效果，或者对同一图像多次应用同一效果，还可以使用其他效果替换原有的效果。选中要添加效果的对象，选择【效果】|【效果画廊】命令，在打开的对话框中进行相应的设置，然后单击【确定】按钮即可，如图 6-47 所示。

预览窗口　　　　　　　　　　　　　　　　　　　效果组

　　　　　　　　　　　　　　　　　　　　　　　参数设置面板

　　　　　　　　　　　　　　　　　　　　　　　当前使用的效果

缩放预览窗口　　　　　　　　　　　　　　　　　新建效果图层
　　　　　　　　　　　　　　　　　　　　　　　删除效果图层

图 6-47　效果画廊

6.3　图形样式

在 Illustrator 中，图形样式是一组可反复使用的外观属性。图形样式可以快速更改对象、组合图层的外观。将图形样式应用于组或图层时，组和图层内的所有对象都具有图形样式的属性。

6.3.1　【图形样式】面板

图形样式的样本都存储在【图形样式】面板中。选择【窗口】|【图形样式】命令，或按快捷键 Shift+F5 组合键可以打开【图形样式】面板，如图 6-48 所示。创建新文档时，面板会列出一组默认的图形样式。

【图形样式】面板的使用方法与【色板】面板基本相似。选择【窗口】|【图形样式库】命令，或在【图形样式】面板菜单中选择【打开图形样式库】，可以打开一系列图形样式库，如图 6-49 所示。

图 6-48　【图形样式】面板　　　　　　　　图 6-49　图形样式库

要使用图形样式，可以选择一个对象或对象组后，从【图形样式】面板或图形样式库中选择一个样式，或将图形样式拖动到文档窗口中的对象上。

【例 6-6】在 Illustrator 中，使用【图形样式】面板和图形样式库改变所选图形对象效果。

(1) 选择菜单栏中的【文件】|【打开】命令，在【打开】对话框中选择打开图形文档，并选择【窗口】|【图形样式】命令，打开【图形样式】面板，如图 6-50 所示。

图 6-50　打开图形文档

(2) 使用工具箱中的【选择】工具，选中图形。在【图形样式】面板中，单击【图形样式库菜单】按钮 ，在打开的菜单中选择【照亮样式】图形样式库。并在【照亮样式】面板中单击【拱形黄色高光】样式，将其添加到【图形样式】面板中并应用，如图 6-51 所示。

图 6-51　添加图形样式

 知识点

在使用图形样式时，若要保留文字的颜色，那么需要从【图形样式】面板菜单中取消选择【覆盖字符颜色】选项。

⑥.3.2 创建图形样式

在 Illustrator 中，可以通过向对象应用外观属性从头开始创建图形，也可以基于其他图形样式来创建图形样式，也可以复制现有图形样式，而且还可以保存创建的新样式。

【例 6-7】在 Illustrator 中，创建新样式和图形样式库。

(1) 在打开的图形文档中，使用【选择】工具选中图形，选择【效果】|【风格化】|【投影】命令，打开【投影】对话框。在对话框中，在【不透明度】数值为 25%，【X 位移】数值为 0.5mm，【Y 位移】数值为 0.5cm，【模糊】数值为 0cm，然后单击【确定】按钮应用投影效果，如图 6-52 所示。

图 6-52　应用【投影】效果

知识点

要创建新图形样式，用户可以单击【新建图形样式】按钮直接创建新图形样式，也可以将【外观】面板中的缩览图直接拖动到【图形样式】面板中即可。

(2) 在【图形样式】面板菜单中选择【新建图形样式】命令，或按住 Alt 键单击【新建图形样式】按钮，在打开的【图形样式选项】对话框中输入图形样式名称，然后单击【确定】按钮即可，如图 6-53 所示。

图 6-53　创建图形样式

(3) 从【图形样式】面板菜单中选择【存储图形样式库】命令，打开【将图形样式存储为库】对话框。在对话框中，将库存储在默认位置，在重新启动 Illustrator 时，库名称将出现在【图形样式库】和【打开图形样式库】子菜单中，如图 6-54 所示。

图 6-54　存储图形样式库

⑥3.3　编辑图形样式

在【图形样式】面板中，可以更改视图或删除图形样式，断开与图形样式的链接以及替换图形样式属性。

1. 复制图形样式

在【图形样式】面板菜单中选择【复制图形样式】命令，或将图形样式拖动到【新建图形样式】按钮上释放。复制的图形样式将出现在【图形样式】面板中的列表底部，如图 6-55 所示。

图 6-55　复制图形样式

2. 断开样式链接

选择应用了图形样式的对象、组或图层。然后在【图形样式】面板菜单中选择【断开图形样式链接】命令，或单击面板底部的【断开图形样式链接】按钮，可以将样式的链接断开。

3. 删除图形样式

自定义的图形样式会随着文档进行保存，图形样式增多会使文档容量增大，因此可以删除一些不使用的图形样式。在【图形样式】面板菜单中选择【选择所有未使用的样式】命令，然后单击【删除图形样式】按钮，在打开的 Adobe Illustrator 对话框中单击【是】按钮，将未使用的样式删除，如图 6-56 所示。

图 6-56 删除图形样式

⑥.3.4 【样式库】面板

图形样式库是一组预设的图形样式集合。当打开一个图形样式库时，会出现在一个新的面板中。可以对图形样式库中的项目进行选择、排序和查看，其操作方式与【图形样式】面板中的操作方式一样，不过不能在图形样式库中添加、删除或编辑项目。

选择【窗口】|【图形样式库】命令，在【图形样式】面板菜单中的【打开图形样式库】命令，或单击【打开图形样式库菜单】按钮在弹出的菜单中选择一个图形样式库，如图 6-57 所示。

图 6-57 打开图形样式库

⑥.4 上机练习

本章的上机练习通过制作软件图标，使用户更好地掌握本章所学的对象外观、效果的基本编辑方法和技巧。

(1) 选择【矩形】工具在画板中单击，并按住 Alt+Shift 组合键拖动绘制方形，然后在【描边】面板中设置【粗细】数值为 23pt，并单击【使描边内侧对齐】按钮，如图 6-58 所示。

(2) 在【渐变】面板中，设置填充渐变色后，使用【渐变】工具在图形上拖动调整渐变效果，如图 6-59 所示。

图 6-58　绘制矩形　　　　　　　　　　　图 6-59　填充渐变

（3）在【渐变】面板中，选中描边色设置。设置描边渐变色后，使用【渐变】工具在图形上拖动调整渐变效果，如图 6-60 所示。

（4）展开【变换】面板选项，在【矩形属性】选项区中，设置【圆角半径】数值为 20mm，如图 6-61 所示。

图 6-60　设置描边色　　　　　　　　　　图 6-61　转换形状

（5）选择【效果】|【风格化】|【投影】命令，打开【投影】对话框。在对话框中，设置【X位移】为-1.5mm，【Y位移】为2mm，【模糊】为0mm，然后单击【确定】按钮应用，如图6-62 所示。

图 6-62　应用投影

（6）选择【矩形】工具在画板中绘制矩形，并取消描边色，在【渐变】面板中设置填充渐变色，如图 6-63 所示。

（7）选择【直接选择】工具选中矩形顶部两个锚点进行调整，如图 6-64 所示。

图 6-63　绘制矩形　　　　　　　　　　　　　　　图 6-64　调整图形

(8) 选择【效果】|【风格化】|【外发光】命令，打开【外发光】对话框。在对话框中，设置【模糊】为 1.76mm，然后单击【确定】按钮，如图 6-65 所示。

图 6-65　应用外发光

(9) 使用【矩形】工具绘制矩形，并在【渐变】面板中设置填充色，如图 6-66 所示。

(10) 选择【效果】|【扭曲和变换】|【变换】命令，打开【变换效果】对话框。在对话框中，设置【副本】数值为 7，设置【移动】选项区中的【水平】数值为 21mm，然后单击【确定】按钮，如图 6-67 所示。

图 6-66　绘制矩形

图 6-67　变换图形

计算机
基础与实训教材系列

(11) 选中步骤(6)中绘制的图形，按 Ctrl+C 组合键复制，并按 Ctrl+F 组合键粘贴，并右击鼠标，在弹出的菜单中选择【排列】|【置于顶层】命令。使用【选择】工具选中复制的图形和

步骤(10)中创建的变换效果的图形，选择【对象】|【封套扭曲】|【用顶层对象建立】命令，如图 6-68 所示。

(12) 使用【矩形】工具绘制，在【渐变】面板中设置填充渐变色，如图 6-69 所示。

图 6-68　建立封套扭曲　　　　　　　　　　　图 6-69　绘制矩形(1)

(13) 使用【矩形】工具绘制多个矩形，并按 Ctrl+G 组合键进行群组，并在【渐变】面板中设置填充渐变色，如图 6-70 所示。

(14) 使用【矩形】工具绘制，在【渐变】面板中设置填充渐变色，如图 6-71 所示。

图 6-70　绘制矩形(2)　　　　　　　　　　　图 6-71　绘制矩形(3)

(15) 选择【效果】|【3D】|【凸出和斜角】命令，打开【3D 凸出和斜角选项】对话框。在对话框中，设置【指定绕 X 轴旋转】和【指定绕 Y 轴旋转】均为-3°，【指定绕 Z 轴旋转】为0°，然后单击【确定】按钮，如图 6-72 所示。

图 6-72　应用凸出和斜角

(16) 选择【效果】|【风格化】|【外发光】命令，打开【外发光】对话框。在对话框中，设置【模糊】为 1mm，然后单击【确定】按钮，如图 6-73 所示。

图 6-73 应用外发光

(17) 选择【文字】工具，按 Ctrl+T 组合键打开【字符】面板，设置字体样式为【方正粗圆_GBK】，字体大小为 52.04pt，单击【下划线】按钮，然后使用【文字】工具在画板中输入文字，如图 6-74 所示。

(18) 选择【效果】|【风格化】|【投影】命令，打开【投影】对话框。在对话框中，设置【X 位移】为-0.5mm，【Y 位移】为-0.5mm，【模糊】为 0mm，然后单击【确定】按钮应用，如图 6-75 所示。

图 6-74 输入文字   图 6-75 应用投影

(19) 使用【钢笔】工具在画板中绘制一条直线，并在【描边】面板中设置【粗细】为 1pt，颜色为白色，如图 6-76 所示。

(20) 使用【矩形】工具绘制，在【渐变】面板中设置填充渐变色，并使用【渐变】工具调整渐变效果，如图 6-77 所示。

图 6-76 绘制直线   图 6-77 绘制矩形

计算机基础与实训教材系列

(21) 使用【钢笔】工具在画板中绘制多个图形，并按 Ctrl+G 组合键进行群组，并在【渐变】面板中设置填充渐变色，如图 6-78 所示。

(22) 选择【钢笔】工具绘制两条直线，在【描边】面板中设置【粗细】为 5pt，并设置描边色为 C=0 M=80 Y=95 K=0，如图 6-79 所示。

图 6-78　绘制图形　　　　　　　　　　　　　　图 6-79　绘制直线

(23) 选择【圆角矩形】工具在画板中拖动绘制，在【描边】面板中设置【粗细】为 0.5pt，并在【渐变】面板中设置填充渐变色，描边色为白色，如图 6-80 所示。

图 6-80　绘制圆角矩形

(24) 使用【矩形】工具绘制，在【渐变】面板中设置填充渐变色，如图 6-81 所示。

(25) 选择【钢笔】工具绘制直线，在【描边】面板中设置【粗细】为 5pt，并设置描边色为 C=0 M=80 Y=95 K=0，如图 6-82 所示。

图 6-81　绘制矩形　　　　　　　　　　　　　　图 6-82　绘制直线

(26) 选择【钢笔】工具绘制图形，并在【渐变】面板中设置渐变色，如图 6-83 所示。

(27) 使用【椭圆】工具在画板中绘制两个圆形，然后使用【选择】工具选中绘制的图形，在【路径查找器】面板中单击【减去顶层】按钮，如图6-84所示。

图6-83　绘制图形　　　　　　　　　　　　　　图6-84　编辑图形

(28) 选择【圆角矩形】工具在画板中单击，打开【圆角矩形】对话框。在对话框中，设置【宽度】为50mm，【高度】为30mm，【圆角半径】为1mm，然后单击【确定】按钮，如图6-85所示。

图6-85　绘制圆角矩形(1)

(29) 使用【圆角矩形】工具在画板中单击，打开【圆角矩形】对话框。在对话框中，设置【宽度】为6mm，【高度】为24mm，【圆角半径】为3mm，然后单击【确定】按钮。按Ctrl+Alt组合键移动并复制圆角矩形，并旋转图形，如图6-86所示。

图6-86　绘制圆角矩形(2)

(30) 使用【选择】工具选中步骤(26)至步骤(29)中绘制的图形，按 Ctrl+G 组合键编组图形，并调整图形角度和位置。使用【矩形】工具绘制矩形，并按 Shift 键选中编组图形，然后右击鼠标，在弹出的菜单中选择【建立剪切蒙版】命令，如图 6-87 所示。

图 6-87　建立剪切蒙版

6.5　习题

1. 选择打开的图形对象，使用【变换】和【投影】滤镜效果，制作如图 6-88 所示的效果。
2. 使用 3D 滤镜制作如图 6-89 所示的效果。

图 6-88　滤镜效果　　　　　　　　　　图 6-89　3D 效果

第7章

文本

学习目标

在使用 Illustrator 进行平面设计时，经常要用到文字元素。Illustrator 提供了强大的文字排版功能。使用这些功能可以快速更改文本、段落的外观效果，还可以将图形对象和文本组合编排，从而制作出丰富多样的文本效果。

本章重点

- ◉ 文本工具
- ◉ 置入和输入、输出文字
- ◉ 创建区域文字
- ◉ 编辑文字

7.1 文字工具

Illustrator 在工具箱中提供了 7 种文字工具，如图 7-1 所示。其中包括【文字】工具、【区域文字】工具、【路径文字】工具、【直排文字】工具、【直排区域文字】工具、【直排路径文字】工具和【修饰文字】工具。使用它们可以输入各种类型的文字，以满足不同的文字处理需求。

图 7-1 文字工具

使用【文字】工具和【直排文字】工具可以创建沿水平和垂直方向的文字。使用【区域文字】工具和【直排区域文字】工具可以将一条开放或闭合的路径变换成文本框，并在其中输入水平或垂直方向的文字。使用【路径文字】工具和【直排路径文字】工具可让文字按照路径的轮廓线方向进行水平和垂直方向排列。使用【修饰文字】工具在字符上单击可以调整字符效果。

⑦.2 置入和输入、输出文字

在 Illustrator 中，用户可以使用文字工具直接输入文字内容，或选择【文件】|【置入】命令置入其他软件生成的文字信息。当然，也可以从其他软件中复制文字信息，然后粘贴到 Illustrator 中。

⑦.2.1 直接输入文字

【文字】工具是 Illustrator 中最常用的创建文本的工具，使用该工具可以按照横排的方式，由左至右进行文字的输入。

【例 7-1】在 Illustrator 中，使用文字工具创建文字。

(1) 选择工具箱中的【文字】工具后，将光标移至页面适当位置单击，以确定插入点的位置，然后用键盘输入文字内容，如图 7-2 所示。

(2) 按 Ctrl+A 组合键全选输入的文字内容，在【色板】面板中单击白色色板，单击控制面板中的【字符】链接或按 Ctrl+T 组合键，打开【字符】面板。在面板中，设置字体为【方正超粗黑_GBK】，字体大小为 35pt，行距为 26pt。设置完成后，按 Esc 键或选择工具箱中的任何一种其他工具，即可结束文本的输入，如图 7-3 所示。

图 7-2　输入文字　　　　　　　　　　　　图 7-3　设置文字

(3) 选择工具箱中的【直排文字】工具，将光标移至页面适当位置中单击，以确定插入点位置。在【字符】面板中设置字体大小为 14pt，设置【设置所选字符的字距调整】选项数值为 -200，【字符旋转】选项数值为 -90°，然后使用键盘输入文字。输入完成后，按 Esc 键结束文本输入，如图 7-4 所示。

(4) 在【色板】面板中单击 C=15 M=100 Y=90 K=10 色板，更改文字颜色，如图 7-5 所示。

📖 **知识点**

> 使用【直排文字】工具创建的文本会从上至下进行排布；在换行时，下一行文字会排布在该行的左侧。

图 7-4 输入文字

图 7-5 更改文字颜色

7.2.2 置入文本

如果要将文本导入到当前文件中，可选择【文件】|【置入】命令，在打开的【置入】对话框中选择要导入的文件，然后在【置入】对话框中选择要导入的文件，然后单击【置入】按钮。如果要置入的是 Word 文件，则单击【置入】按钮后会弹出【Microsoft Word 选项】对话框。在该对话框中可以选择要置入的文本包含哪些内容；选中【移去文本格式】复选框，可将其作为纯文本置入。完成设置后，单击【确定】按钮即可将文本导入。

如果要置入的是纯文本文件(*.txt)，则单击【置入】按钮后会弹出【文本导入选项】对话框，如图 7-6 所示。在该对话框中，可以在【编码】选项区中设置【平台】和【字符集】选项。在【额外回车符】选项区中，可以指定 Illustrator 在文件中如何处理额外的回车符。如果希望 Illustrator 用制表符替换文本中的空格，可以选中【额外空格】选项区中的【替换】复选框，并在其右侧的文本框中输入要用制表符替换的空格数。完成设置后，单击【确定】按钮即可将文本导入到 Illustrator 中。

图 7-6 【文本导入选项】对话框

【例 7-2】在 Illustrator 中，置入文本。

(1) 在 Illustrator 中，选择打开一幅图形文件，如图 7-7 所示。

(2) 选择【文件】|【置入】命令，打开【置入】对话框。在该对话框中选择需要置入的文档，然后单击【置入】按钮，如图 7-8 所示。

图 7-7　绘制文本框　　　　　　　　　　　　　图 7-8　选择置入文档

(3) 在打开【Microsoft Word 选项】对话框中，单击【确定】按钮。然后在画板中单击将选中的文本置入到画板中，如图 7-9 所示。

图 7-9　置入文档

(4) 在控制面板中设置字体为【华文行楷】，字体大小为 60pt，然后使用【选择】工具调整文本框大小，位置，如图 7-10 所示。

图 7-10　设置文档

⑦.2.3　输出文字

如果要将 Illustrator 中的文本导出到 Word 或文本文件中，可以单击工具箱中的【文字】工

具按钮，选择要导出的文本，然后选择【文件】|【导出】命令，在打开的【导出】对话框中依次设置文件保存位置、保存类型和文件名，单击【保存】按钮；在弹出的【文本导出选项】对话框中选择一种平台和编码方法，单击【导出】按钮，即可将文本导出，如图 7-11 所示。

图 7-11 导出文本

⑦.2.4 区域文字

区域文本可以利用对象的边界来控制文字的排列。当文本触及边界时，会自动换行。区域文本常用于大量文字的排版上，如书籍、杂志等页面的制作。

1. 创建区域文字

在 Illustrator 中选择【区域文字】工具，然后在对象路径内任意位置单击，将路径转换为文字区域，并在其中输入文字内容，输入的文本会根据文本框的范围自动进行换行。【直排区域文字】工具的使用方法与【区域文字】工具基本相同，只是输入文字方向为直排。

【例 7-3】在 Illustrator 中，使用【区域文字】工具创建文字。

(1) 单击工具箱中的【椭圆】工具按钮，在画板上绘制一个圆形，如图 7-12 所示。

(2) 单击工具箱中的【区域文字】工具，然后在对象路径内单击，将路径转换为文字区域，此时在其中输入文字，可自动填充文字区域，如图 7-13 所示。

图 7-12 绘制图形   图 7-13 输入文字

(3) 按 Esc 键结束文本输入，在【字符】面板中，设置字体为【方正黄草_GBK】，字体大小为 26pt，并在【色板】面板中单击 C=100 M=95 Y=5 K=0 色板，如图 7-14 所示。

图 7-14　设置文字

2. 调整文本区域大小

在创建区域文字后，用户可以随时修改区域文字的形状和大小。使用【选择】工具选中文字对象，拖动定界框上的控制手柄可以改变文本框的大小，旋转文本框；或使用【直接选择】工具选择文字对象外框路径或锚点，并调整对象形状，如图 7-15 所示。

用户还可以使用【选择】工具或通过【图层】面板选择文字对象，然后选择【文字】|【区域文字选项】命令，在打开的对话框中输入合适的【宽度】和【高度】值，单击【确定】按钮，如果文字区域不是矩形，这里的【宽度】和【高度】定义的是文字对象定界框的尺寸。

图 7-15　调整文本框

3. 设置区域文字选项

选中文字对象后，还可以选择【文字】|【区域文字选项】命令，并在打开如图 7-16 所示的【区域文字选项】对话框中设置区域文字。

图 7-16　【区域文字选项】对话框

 提示

　　不能在选中区域文字对象时使用【变换】面板直接改变其大小，这样会同时改变文字对象中的内容。

- 【宽度】和【高度】：确定对象边框的尺寸。
- 【数量】：指定对象包含的行数和列数。
- 【跨距】：指定单行高度和单列宽度。
- 【固定】：确定调整文本区域大小时行高和列宽的变化情况。选中该复选框后，若调整区域大小，只会更改行数和栏数，而行高和列宽不会改变。
- 【间距】：指定行间距或列间距。
- 【内边距】：可以控制文本和边框路径之间的边距。
- 【首行基线】：选择【字母上缘】选项，字符的高度将降到文本对象顶部之下；选择【大写字母高度】选项，大写字母的顶部触及文字对象的顶部；选择【行距】选项，将以文本的行距值作为文本首行基线和文本对象顶部之间的距离；选择【X 高度】选项，字符 X 的高度降到文本对象顶部之下；选择【全角字框高度】选项，亚洲字体中全角字框的顶部将触及文本对象的顶部。
- 【最小值】：指定文本首行基线与文本对象顶部之间的距离。
- 【按行，从左到右】 ⊞ 或【按列，从左到右】 ⊞：选择【文本排列】选项，以确定行和列之间的文本排列方式。

【例 7-4】在 Illustrator 中，编辑区域文字样式。

(1) 选择【文件】|【打开】命令，选择打开图形文档。使用【选择】工具选中区域文字对象，如图 7-17 所示。

(2) 选择【文字】|【区域文字选项】命令，打开的【区域文字选项】对话框。在对话框中，选中【预览】复选框。在【区域文字选项】对话框中，可以指定文字对象的分栏和分行。【行】、【列】指定分栏分行的数量，设置列【数量】数值为 2。【间距】用于指定栏、行之间的间距，设置【间距】数值为 7mm，如图 7-18 所示。

图 7-17　选中区域文本

图 7-18　设置区域文本

(3) 在【区域文字选项】对话框中，【内边距】可以定义文字的边缘与定界路径之间的间距，设置【内边距】数值为 2mm。【首行基线】可以控制文字的第一行和文字对象顶部的对齐方式，在下拉列表中选择【行距】。然后单击【确定】按钮应用，如图 7-19 所示。

图 7-19　设置区域文字选项

7.2.5　串接对象之间文本

当创建区域文本或路径文本时，输入的文本信息超出区域或路径的容纳量时，可以通过文本串接，将未显示完全的文字显示在其他区域，并且两个区域内的文字仍处于相互关联的状态。另外，也可以将现有的两段文字进行串接，但其文本必须为区域文本或路径文本。

1. 串接文本

文字在多个文字框保持串接的关系称为串接，用户可以选择【视图】|【显示文本串接】命令来查看串接的方式。串接文字可以跨页，但是不能在不同文档间进行。每个文字框都包含一个入口和一个出口。空的出口图标代表这个文字框是文章仅有的一个或最后一个文字框。在入口或出口图标中出现一个三角箭头，表明文字框已和其他串接。出口图标中出现一个红色加号(+)表明当前文字框中包含溢流文字。

使用【选择】工具单击文字框的出口，此时鼠标光标变为以加载文字的形状 。移动鼠标指针到需要串接的文字框上，此时鼠标光标变为链接形状 ，单击便可把这两个文字框串接起来。

【例 7-5】在 Illustrator 中，串接文字。

(1) 选择【文件】|【打开】命令，选择打开图形文档。

(2) 使用【选择】工具单击文字框的出口，然后把鼠标光标移动到需要添加的文字框上方并单击，或绘制一个新文字框，Illustrator 会自动把文字框添加到串接中，如图 7-20 所示。

图 7-20　串接文字

2. 取消或删除串接

要取消串接，可以单击文字框的出口或路口，然后串接到其他文字框。双击文字框出口也可以断开文字框之间的串接关系。用户也可以在串接中删除文字框，使用【选择】工具选择要删除的文字框，按键盘上的 Delete 键即可删除文字框，其他文字框的串接不受影响。

7.2.6 创建文本绕排

在 Illustrator 中，使用【文本绕排】命令，能够让文字按照要求围绕图形进行排列。此命令对于设计版面非常实用。

1. 绕排文本

使用【选择】工具选择绕排对象和文本，然后选择【对象】|【文本绕排】|【建立】命令，在弹出的对话框中单击【确定】按钮即可，如图 7-21 所示。绕排是由对象的堆叠顺序决定的。要在对象周围绕排文本，绕排对象必须与文本位于相同的图层中，并且在图层层次结构中位于文本的正上方。

图 7-21 文本绕排

2. 设置文本绕排选项

可以在绕排文本之前或之后设置绕排选项。选择绕排对象后，选择【对象】|【文本绕排】|【文本绕排选项】命令，在打开的如图 7-22 所示的【文本绕排选项】对话框中设置相应的参数，然后单击【确定】按钮即可。

图 7-22 文本绕排选项

知识点

位移：指定文本和绕排对象之间的间距大小。可以输入正值或负值。 反向绕排：围绕对象反向绕排文本。

【例 7-6】在 Illustrator 中，对输入的段落文本和图形图像进行图文混排。

(1) 选择菜单栏中的【文件】|【打开】命令，选择打开图形文档，并使用【文字】工具，在图形文档中输入段落文本，如图 7-23 所示。

图 7-23　输入文档

(2) 在文本上右击，在弹出的快捷菜单中选择【排列】|【置于底层】命令。并使用【选择】工具选中图形、文本，接着选择菜单栏中的【对象】|【文本绕排】|【建立】命令，在弹出的提示对话框中，单击【确定】按钮，即可建立文本绕排，如图 7-24 所示。

图 7-24　建立文本绕排

(3) 选择菜单栏中的【对象】|【文本绕排】|【文本绕排选项】命令，打开【文本绕排选项】对话框，在对话框中设置【位移】为 20pt，单击【确定】按钮即可修改文本围绕的距离。并调整文本框大小，如图 7-25 所示。

图 7-25　设置文本绕排

(7).2.7　创建路径文字

使用【路径文字】工具或【直排路径文字】工具可以将普通路径转换为文字路径，然后在文字路径上输入和编辑文字，输入的文字将沿着路径形状进行排列。

1. 创建路径文字

使用【路径文字】工具或【直排路径文字】工具可以使路径上的文字沿着任意开放或闭合路径进行排放。将文字沿着路径输入后，还可以编辑文字在路径上的位置。选择工具箱中的【选择】工具选中路径文字对象，选中位于中点的竖线，当光标变为 ▶⊥ 状时，可拖动文字到路径的另一边。

【例 7-7】在 Illustrator 中，创建路径并使用【路径文字】工具创建路径文字。

(1) 选择工具箱中的【钢笔】工具，在图形文档拖动绘制路径，如图 7-26 所示。

(2) 选择工具箱中的【路径文字】工具，在路径上单击出现光标，按 Ctrl+T 组合键打开【字符】面板，在面板中设置字体样式为 Berlin Sans FB Demi Bold，字体大小为 40pt，然后输入所需的文字，如图 7-27 所示。

图 7-26　绘制路径　　　　　　　　　　　　　　　图 7-27　输入文字

2. 设置路径文字选项

选择路径文本对象，然后选择【文字】|【路径文字】命令，在弹出的子菜单中选择一种效果，如图 7-28 所示。

图 7-28　路径文字选项

也可以选择【文字】|【路径文字】|【路径文字选项】命令，在打开的对话框的【效果】下拉列表中选择一个选项。通过【对齐路径】下拉列表框，可以指定如何将所有字符对齐到路径，

然后单击【确定】按钮，如图 7-29 所示。【对齐路径】下拉列表中包含以下几个选项。

图 7-29　路径文字选项

- 【字母上缘】：沿字母上缘对齐。
- 【字母下缘】：沿字母下缘对齐。
- 【居中】：沿字母上、下边缘间的中心点对齐。
- 【基线】：沿基线对齐，这是默认设置。

⑦.3　编辑文字

在 Illustrator 中输入文字内容时，可以在控制面板中设置文字格式，也可以通过【字符】面板和【段落】面板更加精确的设置文字格式，从而获得更加丰富的文字效果。

⑦.3.1　选择文字

在对文字进行编辑、格式修改、填充或描边属性修改等操作前，必须先对其进行选择。

1．选择字符

当选中字符对象后，【外观】面板中会出现【字符】字样。选中字符的方法有以下几种。

- 使用文字工具拖曳选择单个或多个字符，按住 Shift 键的同时拖曳鼠标，可加选或减选字符。如果使用文字工具，在输入的文本中拖动并选中部分文字，选中的文字将高亮显示。此时，再进行的文字修改只针对选中的文字内容，如图 7-30 所示。

文本的选择　文本的选择

图 7-30　选择文本

- 光标插入到一个单词中，双击即可选中这个单词。
- 将光标插入到一个段落中，三击即可选中整行。

⊙ 选择【选择】|【全部】命令或按 Ctrl+A 组合键可选中当前文字对象中包含的全部文字。

2. 选择文字对象

如果要对文字对象中的所有字符进行字符和段落属性的修改、填充和描边属性的修改以及透明属性的修改，甚至对文字对象应用效果和透明蒙版，可以首先选中整个文字对象。当选中文字对象后，【外观】面板中会出现【文字】字样。

选择文字对象的方法包括以下 3 种。

⊙ 在文档窗口使用【选择】工具或【直接选择】工具单击文字对象进行选择，按住 Shift 键的同时单击鼠标可以加选对象。
⊙ 在【图层】面板中通过单击文字对象右边的圆形按钮进行选择，按住 Shift 键的同时单击圆形按钮可进行加选或减选。
⊙ 要选中文档中所有的文字对象，可选择【选择】|【对象】|【文本对象】命令。

3. 选择文字路径

文字路径是路径文字排列和流动的依据，用户可以对文字路径进行填充和描边属性的修改。当选中文字对象路径后，【外观】面板中会出现【路径】字样，如图 7-31 所示。

图 7-31　选中文字对象路径

选择文字路径的方法有以下两种：
⊙ 较为简便的选择文字路径的方法是在【轮廓】模式下进行选择。
⊙ 使用【直接选择】工具或【编组选择】工具单击文字路径，可以将其选中。

⑦.3.2　使用【字符】面板

在 Illustrator 中可以通过【字符】面板来准确地控制文字的字体、字体大小、行距、字符间距、水平与垂直缩放等各种属性。用户可以在输入新文本前设置字符属性，也可以在输入完成后，选中文本重新设置字符属性来更改所选中的字符外观。

选择【窗口】|【文字】|【字符】命令，或按键盘快捷键 Ctrl+T 键，可以打开【字符】面板。单击【字符】面板的扩展菜单按钮，在打开的菜单中选择【显示选项】命令，可以在【字符】面板中显示更多的设置选项，如图 7-32 所示。

图 7-32　【字符】面板

1. 修改字体

在【字符】面板中，可以设置字符的各种属性。单击【设置字体系列】文本框右侧的小三角按钮 从下拉列表中选择一种字体样式，或选择【文字】|【字体】子菜单中的字体样式，即可设置字符的字体样式，如图 7-33 所示。

图 7-33　设置字体

2. 文字大小

在 Illustrator 中，字号是指字体的大小，表示字符的最高点到最低点之间的尺寸。用户可以单击【字符】面板中的【设置字体大小】数值框右侧的小三角按钮 ，在弹出的下拉列表中选择预设的字号。也可以在数值框中，直接输入一个字号数值。或选择【文字】|【大小】命令，在打开的子菜单中选择字号，如图 7-34 所示。

图 7-34　设置字体大小

3. 行距

行距是指两行文字之间间隔距离的大小，是从一行文字基线到另一行文字基线之间的距离。用户可以在输入文本之前设置文本的行距，也可以在文本输入后，在【字符】面板的【设置行距】数值框中设置行距，如图 7-35 所示。

图 7-35　设置行距

提示

按 Alt+↑组合键可减小行距，按 Alt+↓组合键可增大行距。每按一次，系统默认量为 2pt。要修改增量，可以选择【首选项】|【文字】命令，打开【首选项】对话框，修改【大小/行距】数值框中的数值。

4. 字间距

字距微调是增加或减少特定字符对之间的间距的过程。字距调整是放宽或收紧所选文本或整个文本块中字符之间的间距的过程，如图 7-36 所示。当光标在两个字符之间闪烁时，按 Alt+←组合键可减小字距，按 Alt+→组合键可增大字距。

图 7-36　设置字符间距

5. 字符缩放

在 Illustrator 中，可以允许改变单个字符的宽度和高度，可以将文字压扁或拉长。【字符】面板中的【水平缩放】和【垂直缩放】数值框用来控制字符的宽度和高度，使选定的字符进行水平或垂直方向上的放大或缩小，如图 7-37 所示。

图 7-37　缩放

6. 基线偏移

在 Illustrator 中，可以通过调整基线来调整文本与基线之间的距离，从而提升或降低选中的文本。使用【字符】面板中的【设置基线偏移】数值框设置上标或下标，如图 7-38 所示。按 Shift+Alt+↑组合键可以用来增加基线偏移，按 Shift+Alt+↓组合键可以减小基线偏移。要修改偏移量，可以选择【首选项】|【文字】命令，打开【首选项】对话框，修改【基线偏移】数值框中数值，默认值为 2pt。

图 7-38　偏移基线

7. 字符旋转

在 Illustrator 中，支持字符的任意角度旋转。在【字符】面板的【字符旋转】数值框中输入或选择合适的旋转角度，可以为选中的文字进行自定义角度的旋转，如图 7-39 所示。

图 7-39　旋转文字

⑦3.3　设置文字颜色

在 Illustrator 中，可以根据需要在工具箱、【颜色】面板或【色板】面板中设定文字的填充或描边颜色。

【例 7-8】在 Illustrator 中，对输入的文本颜色进行修改。

(1) 选择【文件】|【打开】命令，选择打开一幅图形文件。选择工具箱中的【文字】工具在文档中单击输入文字内容，按 Enter 键结束输入，如图 7-40 所示。

(2) 按 Ctrl+T 组合键打开【字符】面板，设置字体样式为【方正黑体_GBK】，字体旋转为-5°，字距为-50，如图 7-41 所示。

图 7-40　输入文字　　　　　　　　　　　　　　图 7-41　设置文字

(3) 单击【色板】面板中的 C=90 M=30 Y=95 K=30 色板，即可改变字体颜色，如图 7-42 所示。

(4) 在【颜色】面板中选中描边，设置描边颜色为 C=40 M=0 Y=15 K=0，即可修改描边颜色，并设置【描边】面板中的描边粗细为 0.75pt，如 7-43 所示。

图 7-42　改变字体颜色　　　　　　　　　　　　图 7-43　设置描边

(5) 选择【效果】|【风格化】|【投影】命令，打开【投影】对话框。在对话框中，设置【不透明度】为 65%，【X 位移】为 0.5mm，【Y 位移】为 0.5mm，【模糊】为 0mm，然后单击【确定】按钮，如图 7-44 所示。

图 7-44　应用投影

7.3.4　使用【修饰文字】工具

使用【修饰文字】工具可在创建的文本中选中字符，并对其自由地变换，单独调整字符效果，如图 7-45 所示。

图 7-45　使用【修饰文字】工具

7.3.5　使用【段落】面板

在 Illustrator 中，可以通过【段落】面板更加准确地设置段落文本格式，从而获得更加丰富的段落效果。

在 Illustrator 中处理段落文本时，可以使用【段落】面板设置文本对齐方式、首行缩进、段落间距等。选择菜单栏中的【窗口】|【文字】|【段落】命令，即可打开【段落】面板。单击【段落】面板的扩展菜单按钮，在打开的菜单中选择【显示选项】命令，可以在【段落】面板中显示更多的设置选项，如图 7-46 所示。

图 7-46　【段落】面板

1. 对齐文本

在 Illustrator 中提供了【左对齐】、【居中对齐】、【右对齐】、【两端对齐，末行左对齐】、【两端对齐，末行居中对齐】、【两端对齐，末行右对齐】、【全部两端对齐】7 种文本对齐方式。使用【选择】工具选择文本后，单击【段落】面板中相应的按钮即可对齐文本。【段落】面板中的各个对齐按钮的功能如下。

- 左对齐：单击该按钮，可以使文本靠左边对齐。
- 居中对齐：单击该按钮，可以使文本居中对齐，如图 7-47 所示。

- 右对齐▤：单击该按钮，可以使文本靠右边对齐，如图 7-48 所示。
- 两端对齐，末行左对齐▤：单击该按钮，可以使文本的左右两边都对齐，最后一行左对齐，如图 7-49 所示。

图 7-47　居中对齐　　　　图 7-48　右对齐图　　　图 7-49　两端对齐，末行左对齐

- 两端对齐，末行居中对齐▤：单击该按钮，可以使文本的左右两边都对齐，最后一行居中对齐，如图 7-50 所示。
- 两端对齐，末行右对齐▤：单击该按钮，可以使文本的左右两边都对齐，最后一行右对齐，如图 7-51 所示。
- 全部两端对齐▤：单击该按钮，可以对齐所有文本，并强制段落中的最后一行也两端对齐，如图 7-52 所示。

图 7-50　两端对齐，末行居中对齐　　　图 7-51　两端对齐，末行右对齐　　　图 7-52　全部两端对齐

2．缩进

在【段落】面板中，【首行缩进】可以控制每段文本首行按照指定的数值进行缩进。使用【左缩进】和【右缩进】可以调节整段文字边界到文本框的距离，如图 7-53 所示。

图 7-53　设置缩进

3. 段落间距

使用【段前间距】和【段后间距】可以设置段落文本之间的距离，如图 7-54 所示。这是排版中分隔段落的专业方法。

图 7-54　调整段落间距

4. 避头尾法则设置

避头尾法则用于指定中文或日文文本的换行方式。Illustrator 具有严格避头尾集和宽松避头尾集。在文字段落中使用避头尾设置时，将会避免将避头尾集中涉及的字符或字符放置在行尾或行首。使用文字工具选中需要设置避头尾间断的文字，然后从【段落】面板菜单中选择【避头尾法则类型】命令，在子菜单中设置合适的方式即可，如图 7-55 所示。

- 先推入：将字符向上移到前一行，以防止禁止的字符出现在一行的结尾或开头。
- 先退出：将字符向下移到下一行，以防止禁止的字符出现在一行的结尾或开头。
- 只推出：不会尝试推入，而总是将字符向下移到下一行，以防止禁止的字符出现在一行的结尾或开头。

选择【文字】|【避头尾法则设置】命令，或在【段落】面板的【避头尾集】选项中选择【避头尾设置】选项，打开【避头尾法则设置】对话框，如图 7-56 所示。

图 7-55　避头尾法则类型　　　　　　　图 7-56　【避头尾法则设置】对话框

5. 标点挤压设置

利用【标点挤压设置】命令可以设置亚洲字符、罗马字符、标点符号、特殊字符、行首、行尾和数字之间的间距，确定中文或日文排版方式。在【段落】面板的【标点挤压集】选项中选择一种预设挤压设置即可调整间距，如图 7-57 所示。选择【文字】|【标点挤压设置】命令，

或在【段落】面板的【标点挤压集】选项中选择【标点挤压设置】选项，可以打开【标点挤压设置】对话框，如图 7-58 所示。

图 7-57 【标点挤压集】选项   图 7-58 【标点挤压设置】对话框

7.3.6 标点悬挂

当使用左对齐时，由于上、下边距或靠近标点和一些大写字母等问题，使得文本段落看起来很不整齐。要纠正这种不整齐，用户可以使用悬挂标点功能，将一段文字中行首的引号、行尾的标点符号及英文连字符悬浮至文字框或页边之外。如果要使用悬挂标点功能，则可选择【段落】面板菜单中的【罗马式悬挂标点】命令，如图 7-59 所示。

> Christmas should be a time of banked-up rines, the scent of flowers and wine, good talk, good memories and loyalties renewed. But if all else is lacking - love will do.May the bright and festive glow of Christmas candle warm the days all the year through. Hoping you will have a wonderful time enjoying Christmas Day and wishing you a New Year that is happy in every way.

> Christmas should be a time of banked-up rines, the scent of flowers and wine, good talk, good memories and loyalties renewed. But if all else is lacking - love will do.May the bright and festive glow of Christmas candle warm the days all the year through. Hoping you will have a wonderful time enjoying Christmas Day and wishing you a New Year that is happy in every way.

图 7-59 使用【罗马式悬挂标点】命令

7.3.7 更改大小写

选择要更改大小写的字符或文本对象，选择【文字】|【更改大小写】命令，在子菜单中选择【大写】、【小写】、【词首大写】或【句首大写】命令即可。

◉ 大写：将所有字符更改为大写。

- 小写：将所有字符全部更改为小写。
- 词首大写：将每个单词的首字母大写。
- 句首大写：将每个句子的首字母大写。

7.3.8 更改文字方向

将要改变方向的文本对象选中，然后选择【文字】|【文字方向】|【横排】或【直排】命令，即可切换文字的排列方向，如图 7-60 所示。

图 7-60　更改文字方向

7.3.9 视觉边距对齐方式

利用【视觉边距对齐方式】命令可以控制是否将标点符号和某些字母的边缘悬挂在文本边距以外，以便使文字在视觉上呈现对齐状态。选中要对齐视觉边距的文本，选择【文字】|【视觉边距对齐方式】命令即可。

7.4 使用【字符样式】和【段落样式】面板

字符样式是许多字符格式属性的集合，可应用于所选的文本范围。段落样式包括字符和段落格式属性，并可应用于所选段落，也可应用于段落范围。使用字符样式和段落样式，用户可以简化操作，并且还可以保证格式的一致性。

7.4.1 创建字符和段落样式

可以使用【字符样式】和【段落样式】面板来创建、应用和管理字符和段落样式。要应用样式，只需选择文本并在其中的一个面板中单击样式名称即可。如果未选择任何文本，则会将样式应用于所创建的新文本。

【例 7-9】在 Illustrator 中创建字符、段落样式。

(1) 在打开的图形文档中，使用【选择】工具选择文本，如图 7-61 所示。

(2) 选择【窗口】|【文字】|【字符样式】命令，打开【字符样式】面板。并在面板中按住 Alt 单击【创建新样式】按钮打开【字符样式选项】对话框。在对话框的【样式名称】文本框中输入"标题"，然后单击【确定】按钮创建字符样式，如图 7-62 所示。

图 7-61　选择文本　　　　　　　　　　　图 7-62　创建样式

(3) 使用【选择】工具选中段落文本，显示【段落样式】面板。在面板菜单中选择【新建段落样式】命令。在打开的【新建段落样式】对话框【样式名称】文本框中输入一个名称，然后单击【确定】，使用自定义名称创建样式，如图 7-63 所示。

图 7-63　创建段落样式

7.4.2　编辑字符和段落样式

在 Illustrator 中，可以更改默认字符和段落样式的定义，也可更改所创建的新字符和段落样式。在更改样式定义时，使用该样式设置格式的所有文本都会发生更改，与新样式定义相匹配。

【例 7-10】在 Illustrator 中编辑已有的段落样式。

(1) 继续使用【例 7-9】中的素材，在【段落样式】面板菜单中双击段落样式名称，打开【段落样式选项】对话框，如图 7-64 所示。

(2) 在对话框的左侧，选择一类格式设置选项，并设置所需的选项。设置完选项后，单击【确定】按钮即可更改段落样式，如图 7-65 所示。

图 7-64　打开【段落样式选项】对话框

图 7-65　更改段落样式

知识点

在删除样式时，使用该样式的字符、段落外观并不会改变，但其格式将不再与任何样式相关联。在【字符样式】面板或【段落样式】面板中选择一个或多个样式名称。从面板菜单中选取【删除字符样式】或【删除段落样式】，或单击面板底部的【删除】按钮，或直接将样式拖移到面板底部的【删除】按钮上释放即可删除样式。

7.4.3　删除覆盖样式

【字符样式】面板或【段落样式】面板中样式名称旁边的加号表示该样式具有覆盖样式，覆盖样式与当前样式所定义的属性不匹配。有多种方法可以删除样式优先选项。

要清除覆盖样式并将文本恢复到样式定义的外观，可重新应用相同的样式，或者从面板菜单中选择【清除优先选项】命令；要重新定义样式并保持文本的当前外观，至少选择文本中的一个字符，然后从面板菜单中选择【重新定义字符样式】命令。

7.5　将文本转换为轮廓

使用【选择】工具选中文本后，选择【文字】|【创建轮廓】命令，或按快捷键 Shift+Ctrl+O

键即可将文字转化为路径。转换成路径后的文字不再具有文字属性,并且可以像编辑图形对象一样对其进行编辑处理。

【例7-11】在Illustrator中利用【创建轮廓】命令改变文字效果。

(1) 选择菜单栏中的【文件】|【打开】命令,选择打开图形文档,如图7-66所示。

(2) 选择工具箱中的【文字】工具,在文档中单击,并在【字符】面板中设置字体Bauhaus 93,设置字体大小为60pt,然后输入文字内容,如图7-67所示。

图7-66 打开文当   图7-67 输入文字

(3) 使用【选择】工具选中文字,并右击,在弹出的快捷菜单中选择【创建轮廓】命令,将文字转换为轮廓,如图7-68所示。

图7-68 转换为轮廓

(4) 使用【钢笔】工具在文字图形上绘制图形,并使用【选择】工具选中全部图形。然后选择【窗口】|【路径查找器】命令,打开【路径查找器】面板,接着单击【联集】按钮组合图形,如图7-69所示。

图7-69 组合图形

(5) 在【渐变】面板中，在【类型】下拉列表中选择【线性】选项，设置【角度】数值为-133°，并设置渐变颜色，如图7-70所示。

(6) 选择【效果】|【风格化】|【投影】命令，在打开的【投影】对话框中，设置【不透明度】为25%，【X位移】为-1mm，【Y位移】为1mm，【模糊】为1mm，单击【确定】按钮应用效果，如图7-71所示。

图7-70 设置颜色

图7-71 应用投影

7.6 上机练习

本章的上机练习通过制作版面效果，使用户更好地掌握本章所介绍的文本的输入、设置、调整等基本操作方法和技巧，以及图文结合的使用方法。

(1) 选择【文件】|【新建】命令，打开【新建文档】对话框，如图7-72所示。

(2) 选择【文件】|【置入】命令，打开【置入】对话框。在对话框中选择素材图片，单击【置入】按钮置入图像，如图7-73所示。

图7-72 新建文档

图7-73 置入图像

(3) 选择【钢笔】工具在画板中绘制图形，然后使用【选择】工具选中置入图像和绘制的图形，右击，在弹出的快捷菜单中选择【建立剪切蒙版】命令，如图7-74所示。

(4) 使用【选择】工具双击剪切蒙版，并调整置入图像的大小及位置，如图7-75所示。

(5) 选择【文字】工具，在画板中输入文字内容。然后使用【选择】工具将文字选中，按Ctrl+T 组合键打开【字符】面板。在面板中设置字体为【汉仪菱心体简】，字体大小为 50pt，字符间距为-50，字符旋转为-5°，在【色板】面板中设置字体颜色，如图 7-76 所示。

图 7-74　建立剪切蒙版

图 7-75　调整图像　　　　　　　　　图 7-76　输入文字

(6) 按 Esc 键结束文字编辑，按 Ctrl+C 组合键复制文字，按 Ctrl+B 组合键粘贴文字于下一层。然后在【颜色】面板中设置描边色为白色，在【描边】面板中设置【粗细】为 5pt，如图7-77 所示。

(7) 选择【效果】|【风格化】|【投影】命令，打开【投影】对话框。在对话框中，设置【不透明度】为 60%，【X 位移】和【Y 位移】为 1mm，【模糊】为 0mm，然后单击【确定】按钮应用效果，如图 7-78 所示。

图 7-77　复制编辑文字　　　　　　　　图 7-78　应用投影

(8) 使用【选择】工具选中两组文字，按 Ctrl+G 组合键编组对象。单击控制面板上的【制作封套】按钮打开【变形选项】对话框。在对话框的【样式】下拉列表中选择【弧形】选项，选中【垂直】单选按钮，设置【弯曲】为－2%，然后单击【确定】按钮，如图 7-79 所示。

(9) 选择【钢笔】工具在画板中绘制图形，并在【渐变】面板中设置渐变色，并按 Ctrl+[组合键将图形下移一层，如图 7-80 所示。

图 7-79 变形文字　　　　　　　　图 7-80 绘制图形

(10) 选择【圆角矩形】工具，在画板中拖动绘制圆角矩形，并在【色板】面板中单击 C=85 M=10 Y=100 K=10 色板，如图 7-81 所示。

(11) 选择【效果】|【风格化】|【投影】命令，打开【投影】对话框。在对话框中，设置【模式】为【强光】，【不透明度】为 80%，【X 位移】为 1mm，【Y 位移】为 1.5mm，【模糊】为 0mm，单击颜色色板，在弹出的【拾色器】对话框中设置颜色为白色，然后单击【确定】按钮应用效果，如图 7-82 所示。

图 7-81 绘制圆角矩形　　　　　　图 7-82 应用投影

(12) 选择【文字】工具在画板中单击，按 Ctrl+T 组合键打开【字符】面板。在面板中设置字体为【方正大黑_GBK】，字体大小为 17pt，然后输入文字内容，如图 7-83 所示。

(13) 使用【选择】工具选中圆角矩形和刚输入的文字，单击控制面板中的【水平居中对齐】按钮和【垂直居中对齐】按钮，并按 Ctrl+G 组合键编组，如图 7-84 所示。

(14) 使用步骤(8)至步骤(11)的操作方法，创建其他标题，如图 7-85 所示。

(15) 选择【文件】|【置入】命令，打开【置入】对话框。在对话框中选择素材图片，单击【置入】按钮置入图像，如图 7-86 所示。

图 7-83　输入文字

图 7-84　对齐对象

图 7-85　创建对象

图 7-86　置入图像

(16) 选择【钢笔】工具在画板中绘制图形，然后使用【选择】工具选中置入图像和绘制的图形，右击，在弹出的快捷菜单中选择【建立剪切蒙版】命令，如图 7-87 所示。

(17) 选择【文字】工具在画板中单击并拖动创建文本框，在【字符】面板中设置字体为【黑体】，字体大小为 9pt。打开【段落】面板，单击【两端对齐，末行左对齐】按钮，设置【首行左缩进】为 17pt，【避头尾集】为【严格】，然后输入文字内容，如图 7-88 所示。

图 7-87　建立剪切蒙版

图 7-88　输入文字

(18) 使用步骤(15)的操作方法创建其他文本对象，并使用【选择】工具选中创建的段落文本，右击，在弹出的快捷菜单中选择【排列】|【置于底层】命令，如图 7-89 所示。

(19) 使用【选择】工具选中剪切蒙版对象和段落文本，选择【对象】|【文本绕排】|【建立】命令，创建文本绕排，并使用【选择】工具调整文本和标题的位置，如图 7-90 所示。

图 7-89　创建文本

图 7-90　文本绕排

7.7　习题

1. 使用区域文字和路径文字，制作如图 7-91 所示的版式。
2. 使用文本工具创建并编辑文本，制作如图 7-92 所示的版式。

图 7-91　版式效果(1)

图 7-92　版式效果(2)

图表制作

学习目标

为了获得更加精确、直观的效果，在对各种数据进行统计和比较时，经常运用图表的方式。在 Illustrator 中可以根据提供的数据生成柱形图、条形图、折线图、面积图、饼图等种类的数据图表。这些图形图表在各种说明类的设计中具有非常重要的作用。除此之外，Illustrator 还允许用户改变图表的外观效果，从而使图表具有更丰富的视觉效果，且更加明白易懂。

本章重点

- ◉ 创建图表
- ◉ 图表类型
- ◉ 更改图表的表现形式
- ◉ 自定义图表

8.1 创建图表

在对各种数据进行统计和对比时为了获得更加精确、直观的效果，经常运用图表的方式。Illustrator 中提供了丰富的图表类型和强大的图表编辑功能。

8.1.1 设定图表的宽度和高度

在工具箱中选择任意一种图表创建工具，然后在绘图窗口中单击，即可打开如图 8-1 所示的【图表】对话框。在此对话框中，可以设置图表的宽度和高度，然后单击【确定】按钮即可根据数值创建图表。

图 8-1　【图表】对话框

8.1.2　输入图表数据

在【图表】对话框中设定完图表的宽度和高度后，单击【确定】按钮，弹出符合设计形状和大小的图表和图表数据输入框，如图 8-2 所示。在弹出的图表数据框中输入相应的图表数据，即可创建图表。用户也可以选择【对象】|【图表】|【数据】命令，打开图表数据输入框。

图 8-2　图表数据输入框

在图表数据输入框中，第一排除了数据输入栏之外，还有几个按钮，从左至右分别为：

- 【导入数据】按钮：用于输入其他软件产生的数据。
- 【换位行/列】按钮：用于转换横向和纵向数据。
- 【切换 X/Y】按钮：用于切换 X 轴和 Y 轴的位置。
- 【单元格样式】按钮：用于调整数据格大小和小数点位数，双击该按钮，打开【单元格样式】对话框，如图 8-3 所示，对话框中的【小数位数】用于设置小数点的位数，【列宽度】用于设置数据输入框中的栏宽。
- 【恢复】按钮：用于使数据输入框中的数据恢复到初始状态。
- 【应用】按钮：表示应用新设定的数据。

图 8-3　【单元格样式】对话框

【例 8-1】在 Illustrator 中根据设定创建图表。

(1) 在 Illustrator 中，新建一个空白文档。选择工具箱中的【堆积条形】工具，然后在文档中按住左键拖曳出一个矩形框，该矩形框的长度和宽度即为图表的长度和宽度。或在工具箱中选择【堆积条形】工具后，在绘图窗口中单击，弹出【图表】对话框，在该对话框中设置图表的长度和宽度值后，单击【确定】按钮创建图表，如图 8-4 所示。

图 8-4 【图表】对话框

提示

在拖曳过程中，按住 Shift 键拖曳出的矩形框为正方形，即创建的图表长度与宽度值相等。按住 Alt 键，将从单击点向外扩张，单击点即为图表的中心。

(2) 确定图标宽度和高度设置后，弹出图表数据输入框，在框中输入相应的图表数据，然后单击【应用】按钮 ✔ 即可创建相应图表，如图 8-5 所示。

图 8-5 创建图表

知识点

图表制作完成后，若想修改其中的数据，首先要使用【选择】工具选中图表，然后选择【对象】|【图表】|【数据】命令，打开图表数据输入框。在此输入框中修改要改变的数据，然后单击【应用】按钮 ✔，关闭输入框，完成数据修改。

⑧.2 图表类型

图表由数轴和导入的数据组成，Illustrator 中提供了【柱形图】工具、【堆积柱形图】工具、【条形图】工具、【堆积条形图】工具、【折线图】工具、【面积图】工具、【散点图】工具、【饼图】工具 和【雷达图】工具 9 种图表类型创建工具，如图 8-6 所示。双击工具箱中的图表工具或选择【对象】|【图表】|【类型】命令，可以打开【图

表类型】对话框选择图表类型。

8.2.1　【柱形图】图表

柱形图是默认的图表类型。这种类型的图表是通过柱形长度与数据数值成比例的垂直矩形，以此表示一组或多组数据之间的相互关系，如图8-7所示。柱形图可以将数据表中的每一行数据放在一起，供用户进行比较。该类型的图表将事物随时间的变化趋势很直观地表现出来。

图 8-6　图表工具

图 8-7　柱形图

8.2.2　【堆积柱形图】图表

堆积柱形图与柱形图相似，只是在表达数据信息的形式上有所不同。柱形图用于每一类项目中单个分项目数据的数值比较，而堆积柱形图则用于比较每一类项目中的所有分项目数据，如图8-8所示。从图形的表现形式上看，堆积柱形图是将同类中的多组数据，以堆积的方式形成垂直矩形进行类别之间的比较。

8.2.3　【条形图】图表

条形图与柱形图类似，都是通过条形长度与数据值成比例的矩形，表示一组或多组数据之间的相互关系。它们的不同之处在于，柱形图中的数据值形成的矩形是垂直方向的，而条形图中的数据值形成的矩形是水平方向的，如图8-9所示。

图 8-8　堆积柱形图

图 8-9　条形图

8.2.4　【堆积条形图】图表

堆积条形图与堆积柱形图类似，都是将同类中的多组数据，以堆积的方式形成矩形进行类别之间的比较。它们的不同之处在于，堆积柱形图中的矩形是垂直方向的，而堆积条形图表中的矩形是水平方向的，如图 8-10 所示。

8.2.5　【折线图】图表

折线图能够表现数据随时间变化的趋势，以帮助用户更好地把握事物发展的进程、分析变化趋势和辨别数据变化的特性和规律。这类型的图表将同项目中的数据以点的方式在图表中表示，再通过线段将其连接，如图 8-11 所示。通过折线图，不仅能够纵向比较图表中各个横向的数据，而且可以横向比较图表中的纵向数据。

图 8-10　堆积条形图表　　　　　　　图 8-11　折线图

8.2.6　【面积图】图表

面积图表示的数据关系与折线图相似，但相比之下后者比前者更强调整体在数值上的变化。面积图是通过用点表示一组或多组数据，并以线段连接不同组的数值点形成面积区域，如图 8-12 所示。

8.2.7　【散点图】图表

散点图是比较特殊的数据图表，它主要用于数学上的数理统计、科技数据的数值比较等方面。该类型图表的 X 轴和 Y 轴都是数值坐标轴，在两组数据的交汇处形成坐标点。每一个数据的坐标点都是通过 X 坐标和 Y 坐标定位的，各个坐标点之间用线段相互连接。用户通过散点图能够分析出数据的变化趋势，而且可以直接查看 X 和 Y 坐标轴之间的相对性，如图 8-13 所示。

图 8-12　面积图　　　　　　　　　图 8-13　散点图

⑧.2.8　【饼图】图表

　　饼图是将数据的数值总和作为一个圆饼，其中各组数据所占的比例通过不同的颜色表示。该类型的图表非常适合于显示同类项目中不同分项目的数据所占的比例。它能够很直观地显示一个整体中各个分项目所占的数值比例，如图 8-14 所示。

⑧.2.9　【雷达图】图表

　　雷达图是一种以环形方式进行各组数据比较的图表。这种比较特殊的图表，能够将一组数据以其数值多少在刻度尺上标注成数值点，然后通过线段将各个数值点连接，这样用户可以通过所形成的各组不同的线段图形，判断数据的变化，如图 8-15 所示。

图 8-14　饼图　　　　　　　　　图 8-15　雷达图

⑧.3　改变图表的表现形式

　　用户选中图表后，可以在工具箱中双击图表工具，或选择【对象】|【图表】|【类型】命令打开【图表类型】对话框。在【图表选项】对话框中可以改变图表类型、坐标轴的外观和位置、添加投影、移动图例、组合显示不同的图表类型等。

⑧3.1　常规图表选项

选择不同的图表类型后，【样式】选项组中包含的选项是一致的，【选项】选项组中包含的选项有所不同。

在【图表类型】对话框中，【样式】选项组可以用来改变图表的表现形式。

⊙ 【添加投影】：用于给图表添加投影。选中此复选框，绘制的图表中有阴影出现，如图 8-16 所示。

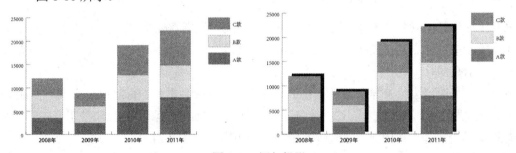

图 8-16　添加投影

⊙ 【在顶部添加图例】复选框：用于把图例添加在图表上边，如图 8-17 所示。如果不选中该复选框，图例将位于图表的右边。

⊙ 【第一行在前】和【第一列在前】复选框：可以更改柱形、条形和线段重叠的方式，这两个选项一般和下面的【选项】选项组中的选项结合使用。

图 8-17　在顶部添加图例

在【图表类型】对话框中选择不同的图表类型，其【选项】区域中包含的选项各不相同。只有面积图图表没有附加选项可供选择。

当选择图表类型为柱形图和堆积柱形图时，【选项】中包含的内容一致，如图 8-18 所示。

⊙ 【列宽】复选框：该选项用于定义图表中矩形条的宽度。

⊙ 【簇宽度】复选框：该选项用于定义一组中所有矩形条的总宽度。所谓【簇】就是指与图表数据输入框中一行数据相对应的一组矩形条。

当选择图表类型为条形图与堆积条形图时，【选项】中包含的内容一致，如图 8-19 所示。

⊙ 【条形宽度】复选框：该选项用于定义图表中矩形横条的宽度。

- 【簇宽度】复选框：该选项用于定义一组中所有矩形横条的总宽度。

图 8-18　柱形图与堆积柱形图图表选项　　　　图 8-19　条形图与堆积条形图图表选项

当选择图表类型为折线图、雷达图与散点图时，【选项】中包含的内容基本一致，如图 8-20 所示。

- 【标记数据点】复选框：选择此选项，将在每个数据点处绘制一个标记点。
- 【连接数据点】复选框：选择此选项，将在数据点之间绘制一条折线，以便更直观地显示数据。
- 【线段边到边跨 X 轴】复选框：选择此选项，连接数据点的折线将贯穿水平坐标轴。
- 【绘制填充线】复选框：选择此选项，将会用不同颜色的闭合路径代替图表中的折线。

当选择图表类型为饼图时，【选项】中包含的内容，如图 8-21 所示。

图 8-20　折线图图表选项　　　　　　　　　图 8-21　饼图图表选项

- 【图例】复选框：此选项决定图例在图表中的位置，其右侧的下拉列表中包含【无图例】、【标准图例】和【楔形图例】3 个选项。选择【无图例】选项时，图例在图表中将被省略。选择【标准图例】选项时，图例将被放置在图表的外围。选择【楔形图例】选项时，图例将被插入到图表中的相应位置。
- 【位置】复选框：此选项用于决定图表的大小，其右侧的下拉列表中包括【比例】、【相等】、【堆积】3 个选项。选择【比例】选项时，将按照比例显示图表的大小。选择【相等】选项时，将按照相同的大小显示图表。选择【堆积】选项时，将按照比例把每个饼形图表堆积在一起显示。
- 【排序】复选框：此选项决定了图表元素的排列顺序，其右侧的下拉列表中包括【全部】、【第一个】和【无】3 个选项。选择【全部】选项时，图表元素将被按照从大到小的顺序顺时针排列。选择【第一个】选项时，会将最大的图表元素放置在顺时针方向的第一位，其他的按输入的顺序顺时针排列。选择【无】选项时，所有的图表元素按照输入顺序顺时针排列。

⑧3.2　定义坐标轴

在【图表类型】对话框中，不仅可以指定数值坐标轴的位置，还可以重新设置数值坐标轴的刻度标记以及标签选项等。单击打开【图表类型】对话框左上角的 图表选项 下拉列表即可选择【数值轴】选项，显示相应的设置对图表进行设置，如图 8-22 所示。

- 刻度值：用于定义数据坐标轴的刻度值，软件默认状态下不选中【忽略计算出的值】复选框。此时软件根据输入的数值自动计算数据坐标轴的刻度。如果选中此复选框，则下面 3 个选项变为可选项，此时即可输入数值设定数据坐标轴的刻度。其中【最小值】表示原点数值；【最大值】表示数据坐标轴上最大的刻度值；【刻度】表示在最大和最小的数值之间分成几部分。

- 【刻度线】：用于设置刻度线的长度。在【长度】下拉列表中有 3 个选项，【无】表示没有刻度线；【短】表示有短刻度线；【全部】表示刻度线的长度贯穿图表。

- 【添加标签】：可以对数据轴上的数据加上前缀或者后缀。

【类别轴】选项在一些图表类型中并不存在，类别轴对话框中包含的选项内容也很简单，如图 8-23 所示。一般情况下，柱形、堆积柱形以及条形等图表由数据轴和名称轴组成坐标轴，而散点图表则由两个数据轴组成坐标轴。

图 8-22　【数值轴】选项　　　　　图 8-23　【类别轴】选项

【例 8-2】在 Illustrator 中，设置创建图表的数值轴和类别轴。

(1) 选择工具箱中的【面积图】工具，在文档中创建如图 8-24 所示的图表。

图 8-24　创建图表

(2) 双击工具箱中的图表工具，打开【图表类型】对话框。在对话框左上角 图表选项 下拉列表中选择【数值轴】选项，此时对话框变为如图 8-25 所示形态。

图 8-25　选择【数值轴】选项

(3) 在【刻度线】选项区中的参数用来控制刻度标记的长度。【绘制】文本框用来设置在相邻两个刻度之间刻度标记的条数。在【刻度线】选项区中设置【长度】为【全宽】，【绘制】为 0，如图 8-26 所示。

图 8-26　设置【刻度线】选项

(4) 在【添加标签】选项区中可以为数值坐标轴上的数值添加前缀和后缀。在【前缀】文本框中输入"外销"，【后缀】文本框中输入"件"，得到效果如图 8-27 所示。

图 8-27　添加后缀

(5) 在对话框左上角 图表选项 下拉列表中选择【类别轴】选项，此时对话框变为如图 8-28 所示的形态。

图 8-28　选择【类别轴】选项

(6) 在【刻度线】选项区中可以控制类别刻度标记的长度。【绘制】选项右侧的文本框中的数值决定在两个相邻类别刻度之间刻度标记的条数。在【刻度线】选项区中，设置【长度】为【全宽】，【绘制】为 0，选择【在标签之间绘制刻度线】选项，得到效果如图 8-29 所示。

图 8-29　设置【刻度线】

8.3.3　变更图表类型

在【图表类型】对话框中，单击所需图表类型相对应的按钮，然后单击【确定】按钮即可变更图表类型。

用户还可以在一个图表中组合显示不同的图表类型。例如，可以让一组数据显示为柱形图，而其他数据组显示为折线图。除了散点图之外，可以将任何类型的图表与其他图表组合。散点图不能与其他任何图表类型组合。

【例 8-3】在 Illustrator 中，组合不同类型的图表类型。

(1) 选择【文件】|【打开】命令，打开图表文件，如图 8-30 所示。

(2) 使用【直接选择】工具，按住 Shift 键，单击要更改图表类型的数据图例，如图 8-31 所示。

中文版 Illustrator CC 平面设计实用教程

图 8-30　打开图表文件　　　　　　　　图 8-31　选择数据图例

(3) 选择【对象】|【图表】|【类型】命令，或者双击工具箱中的图表工具，打开【图表类型】对话框。在对话框中，选择所需的图表类型和选项。单击【面积图】按钮，然后单击【确定】按钮，如图 8-32 所示。

图 8-32　更改图表类型

8.4　自定义图表

图表制作完成后自动处于选中状态，并且自动成组。这时如果想改变图表的单个元素，使用【编组选择】工具即可以选择图表的一部分。用户也可以定义图表图案，使图表的显示更为生动。还可以对图表取消编组，但取消编组后的图表不能再更改图表类型。

8.4.1　改变图表中的部分显示

为图表的标签和图例生成文本时，Illustrator 使用默认的字体和字体大小，用户可以轻松地选择、更改文字格式，用户还可以直接更改图表中图例的外观效果。

【例8-4】在 Illustrator 中，编辑图表内容样式。

(1) 选择【文件】|【打开】命令，打开图表文件，如图 8-33 所示。

(2) 选择工具箱中的【编组选择】工具，使用【编组选择】工具双击【套餐4】图例，选中其相关数据列，并在【颜色】面板中，设置颜色为 C=5 M=0 Y= 90 K=0，如图 8-34 所示。

图 8-33　打开图表文件　　　　　　　　图 8-34　更改数据

(3) 使用步骤(2)的操作方法更改其他数据的颜色。然后使用【编组选择】工具单击一次以选择要更改文字的基线；再单击以选择同组数据文字，如图 8-35 所示。

图 8-35　选择文字

(4) 在控制面板中，更改文字颜色、字体样式、字体大小等参数，如图 8-36 所示。

(5) 使用步骤(3)至步骤(4)的操作方法，更改其他数据文字的字体样式、字体大小，如图 8-37 所示。

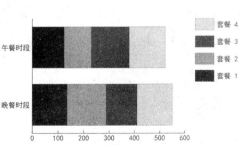

图 8-36　更改文字(1)　　　　　　　　图 8-37　更改文字(2)

⑧.4.2　使用图案表现图表

在 Illustrator CC 中，不仅可以给图表应用单色填充和渐变填充，还可以使用图案图形来创建图表效果。

【例8-5】在 Illustrator 中，将图片添加到图表中。

(1) 在打开的图形文件中，使用【选择】工具选中图形，然后选择【对象】|【图表】|【设计】命令，打开【图表设计】对话框，如图 8-38 所示。

(2) 单击【新建设计】按钮，在上面的空白框中出现【新建设计】的文字，在预览框中出现了图形预览，如图 8-39 所示。

图 8-38　打开【图标设计】对话框

图 8-39　新建设计

(3) 单击【重命名】按钮，打开【重命名】对话框，可以重新定义图案的名称。在【名称】文本框中输入"杯子蛋糕 1"，单击【确定】按钮关闭【重命名】对话框，然后再单击【确定】按钮关闭【图表设计】对话框，如图 8-40 所示。

(4) 使用步骤(1)至步骤(3)的操作方法添加其他图形，如图 8-41 所示。

图 8-40　重命名

图 8-41　添加新设计

(5) 在工具箱中选择【柱形图】工具，然后在页面中拖动创建表格范围，打开图表数据输入框，在框中输入相应的图表数据，然后单击【应用】按钮即可创建相应图表，如图 8-42 所示。

图 8-42　创建图表

(6) 选择工具箱中的【编组选择】工具，选中图表中对象，选择【对象】|【图表】|【柱形图】命令，将会打开柱形图的【图表列】对话框，如图 8-43 所示。

图 8-43　打开【图表列】对话框

(7) 在【选取列设计】框中选择刚定义的图案名称，在【列类型】下拉列表中选择【重复堆叠】，在【每个设计表示...个单位】数值框中输入 100，在【对于分数】下拉列表中选择【截断设计】选项，然后单击【确定】按钮，就会得到如图 8-44 所示的图表。

📖 **知识点**

> 在【图表列】对话框中，列类型不同，图案设计的方式也就不同。选择【垂直缩放】选项可在垂直方向进行伸展或压缩，而不改变宽度；选择【一致缩放】选项可在水平和垂直方向同时根据数据的大小对图表自定义的图案进行缩放。选择【重复堆叠】选项可以堆积自定义图案以填充柱形。【局部缩放】选项与垂直缩放比较类似，但可以在设计中指定伸展或压缩的位置。如果选中【重复堆叠】选项后，【图表列】对话框下面的两个选项被激活。在【每个设计表示...个单位】数值框中输入数值表示每一个图案代表数字轴上多少个单位。【对于分数】选项包含两个选项，【截断设计】选项可截取图案的一部分来表示数据的小数部分，【缩放设计】代表对图案进行比例缩放来表示小数部分。

图 8-44　添加图形(1)

(8) 使用步骤(6)至步骤(7)的操作方法，为图表添加其他图形设计，如图 8-45 所示。

图 8-45　添加图形(2)

8.5　上机练习

本章的上机练习主要通过制作数据统计 PPT，使用户更好地掌握在 Illustrator 中创建、编辑、美化图表的基本操作方法和技巧。

(1) 选择【文件】|【新建】命令，打开【新建文档】对话框。在对话框中的【大小】下拉列表中选择 A4 选项，并单击【取向】选项中的【横向】按钮，然后单击【确定】按钮，如图 8-46 所示。

(2) 选择【文件】|【置入】命令，打开【置入】对话框。在对话框中，选中需要置入的素材文件，然后单击【置入】按钮，如图 8-47 所示。

(3) 按 Ctrl+2 组合键锁定置入素材图像文件，选择【文字】工具，按 Ctrl+T 组合键打开【字符】面板。在面板中设置字体为【方正大黑_GBK】，字体大小为 26pt，然后输入文字内容，如图 8-48 所示。

图 8-46　新建文档

图 8-47　置入图像

图 8-48　输入文字

(4) 选择【饼图】工具在画板中单击并拖动创建表格，并打开图表数据输入框，在框中输入相应的图表数据，如图 8-49 所示。

图 8-49　输入数据

(5) 单击【单元格样式】按钮，在打开的【单元格样式】对话框中设置【小数位数】为 0位，然后单击【确定】按钮，再单击图表数据输入框中的【应用】按钮 ✓ 即可创建相应图表，如图 8-50 所示。

(6) 双击【饼图】工具打开【图表类型】对话框，在对话框中选中【添加投影】复选框，在【图例】下拉列表中选择【楔形图例】选项，然后单击【确定】按钮，如图 8-51 所示。

图 8-50　创建饼图

图 8-51　调整图表

(7) 选择【编组选择】工具，按 Shift 键选中图表中文字内容，并在控制面板中设置字体颜色为白色，字体样式为 Berlin Sans FB，字体大小为 18pt，然后使用【编组选择】工具分别调整文字位置，如图 8-52 所示。

图 8-52　调整图表文字

(8) 使用【编组选择】工具选中图表投影，并在【透明度】面板中设置混合选项为【柔光】，如图 8-53 所示。

(9) 使用【编组选择】工具选中图表中一组数据，然后在【颜色】面板中，取消描边色，设置填充色为 C=30 M=0 Y=0 K=0，如图 8-54 所示。

图 8-53　调整图表投影效果

图 8-54　调整数据效果

(10) 使用步骤(9)相同的操作方法，在【颜色】面板中分别填充 C=60 M=0 Y=0 K=0 和 C=90 M=0 Y=0 K=0，如图 8-55 所示。

(11) 使用【编组选择】工具选中【占有比%】字样，在控制面板中设置字体为【方正大黑_GBK】，字体大小为 16pt。然后选中图表中其他文字，在【颜色】面板中设置颜色 C=100 M=80 Y=0 K=20，如图 8-56 所示。

图 8-55　设置颜色

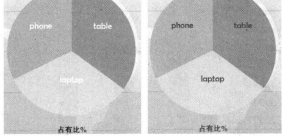

图 8-56　设置字体

(12) 使用【文字】工具分别选中图表上文字，添加文字内容，并在【字符】板中调整文字，如图 8-57 所示。

(13) 使用【文字】工具在页面中输入文字内容，在控制面板中设置字体样式为【方正大黑_GBK】，字体大小为 18pt，如图 8-58 所示。

图 8-57　添加文字

图 8-58　输入文字

(14) 使用步骤(4)至步骤(12)的操作创建图表另一图表，如图 8-59 所示。

图 8-59　创建图表

8.6　习题

1. 创建一个柱形图图表，并改变数据图例颜色，如图 8-60 所示。
2. 创建柱形图图表，并自定义图表设计，如图 8-61 所示。

图 8-60　创建柱形图表

图 8-61　定义图表设计